Fardis Nakhaei

nsverfahren für Eisenerze

Fardis Nakhaei

Entwicklungen bei den Flotationsverfahren für Eisenerze

ScienciaScripts

This book is a translation from the original published under ISBN 978-3-659-85122-3.

Publisher:
Sciencia Scripts
is a trademark of
Dodo Books Indian Ocean Ltd. and OmniScriptum S.R.L publishing group

120 High Road, East Finchley, London, N2 9ED, United Kingdom
Str. Armeneasca 28/1, office 1, Chisinau MD-2012, Republic of Moldova, Europe

ISBN: 978-620-3-59523-9

Inhaltsübersicht

Abstrakt 2
Kapitel 1 3
Kapitel 2 7
Kapitel 3 25
Kapitel 4 39
Kapitel 5 53
Referenzen 55

Ich möchte dieses Manuskript meiner lieben Familie widmen

Abstrakt

Eisenerzproduktion und -export spielen eine wichtige Rolle für die wirtschaftliche Entwicklung von Industrieanlagen. In diesem Zusammenhang konzentriert sich die Eisenerzindustrie derzeit auf die Gewinnung von Eisenwerten aus minderwertigen Erzen. Die Schaumflotation ist bekanntlich das gängigste Verfahren zur Trennung von Mineralien, um wertvolle Mineralien aus Ganggestein zu gewinnen. Aufgrund der Ähnlichkeiten der physikalisch-chemischen und oberflächenchemischen Eigenschaften der Mineralien, aus denen sie bestehen, ist die Trennung von Eisenoxidmineralen von ihren Ganggesteinen (Quarz als Hauptganggestein) durch Flotation ein äußerst komplizierter Prozess. In der Vergangenheit wurden direkte Flotationsmethoden vorgeschlagen, aber derzeit wird überwiegend die inverse Flotationsmethode angewandt, bei der der Quarzgang aufgeschwemmt wird, während die Eisenoxide/-hydroxide mit Hilfe von Stärke verdrängt werden. Dieses Buch gibt einen kritischen Überblick über die verschiedenen Flotationsverfahren (direkte und inverse kationische und anionische Flotation) für Eisenoxidminerale, die in der Literatur vorgeschlagen wurden, mit dem Ziel, die wichtigen Faktoren des Flotationsprozesses zu identifizieren und Perspektiven für die weitere Forschung in der Zukunft aufzuzeigen. Neuartige und häufig verwendete Sammler, Depressionsmittel, Hilfsreagenzien und deren Mischungen sind tabellarisch aufgeführt. Die Vor- und Nachteile der Reagenzienart und -struktur auf die Flotation werden kritisch beleuchtet. Die vorherrschende Rolle des pH-Wertes sowie die Art und die molekularen Strukturen der Sammler und Depressionsmittel bei der Flotation werden kritisch diskutiert. Der Bereich und die optimalen Werte dieser Parameter sowie die Mechanismen ihrer Wechselwirkungen mit den Mineralien und die daraus resultierende Flotation der Eisenoxidminerale, über die in der Literatur berichtet wird, werden zusammengefasst und hervorgehoben.

Schlüsselwörter: Eisenerze, Flotation, Anionisch, Kationisch, Sammler, Depressionsmittel, Wechselwirkung.

Kapitel 1

Froschflotation von Eisenerzen

1.1. Einführung

Eisen genießt aufgrund seiner breiten Anwendung in der Industrie eine enorme Bedeutung. Die Aufbereitung von oxidierten Eisenerzen hat in den letzten Jahren große Bedeutung erlangt. Die Wahl des Aufbereitungsverfahrens hängt von der Art der vorhandenen Gangart und ihrer Verbindung mit der Erzstruktur ab. Um den Fe-Gehalt des Eisenerzes zu erhöhen und den Gehalt an Ganggestein zu verringern, werden verschiedene Verfahren wie Waschen, Rütteln, Magnetabscheidung, Schwerkraftabscheidung und Flotation usw. eingesetzt (Zeng und Dahe, 2003; David et al., 2011; Svoboda, 1987, 2001). Diese Techniken werden in verschiedenen Kombinationen für die Aufbereitung von Eisenerzen eingesetzt. Bei der Aufbereitung eines bestimmten Eisenerzes liegt der Schwerpunkt in der Regel auf der Entwicklung eines kosteneffizienten Fließschemas, das die notwendigen Brech-, Mahl-, Sieb- und Aufbereitungstechniken umfasst, die für die Veredelung des Eisenerzes wesentlich sind.

Die Magnet- und die Schwerkraftabscheidung sind die gängigsten Methoden der Eisengewinnung aus hochwertigen Eisenoxidvorkommen. Da die Reserven an hochwertigem Eisenerz weltweit zur Neige gehen, wurden verschiedene Aufbereitungsmethoden zur Verarbeitung von mittel- und minderwertigem Eisenerz eingesetzt, um die rasch wachsende Nachfrage zu decken. Der derzeitige Trend in der Stahlindustrie geht zu einer verstärkten Direktreduktion in Verbindung mit der Produktion in Elektroöfen, die Eisenerz mit einem SiO_2-Gehalt von weniger als 2 % benötigen. In der Praxis bestehen Eisenerzkonzentrate, die durch Magnet- und Schwerkraftabscheidung gewonnen werden, selbst nach wiederholter Abtrennung oft aus einigen Prozent Verunreinigungen, da sie von Gangmineralen eingeschlossen sind.

Um das Konzentrat weiter zu verbessern, hat sich die Schaumflotation seit einem halben Jahrhundert weltweit als effiziente Methode zur Beseitigung von Verunreinigungen aus Eisenerz etabliert. Seit der kommerziellen Einführung der Flotation im Jahr 1905 und der Erteilung des Patents im Jahr 1906 (Napier-Munn und Wills, 2006; Gupta und Yan, 2006) wurden enorme Fortschritte in Bezug auf Verfahren, Reagenzien und Ausrüstungen erzielt, um das grundlegende Ziel der Abtrennung wertvoller Mineralien von Ganggesteinspartikeln durch Ausnutzung der Unterschiede in ihren physikalisch-chemischen Eigenschaften zu erreichen.

Die Forschung zur Flotation von Eisenerz im Labor- oder Technikumsmaßstab begann gegen 1931

(Crabtree und Vincent, 1962). Sie beschränkten sich im Wesentlichen auf Erze, die silikathaltige Ganggesteine enthalten, die weltweit am häufigsten vorkommen. Hanna Mining entwickelte in Zusammenarbeit mit Cyanamid die beiden anionischen Flotationsverfahren, die später in den 1950er Jahren in Michigan und Minnesota industriell genutzt wurden (Fuerstenau et al., 2007). Die erste Integration der Flotation in Eisenerzanlagen geht auf das Jahr 1950 zurück, als die direkte Flotation durch den Einsatz anionischer Kollektoren entwickelt wurde (Humboldt-Mine). Gleichzeitig entwickelte die USBM-Niederlassung in Minnesota die umgekehrte kationische Flotation, die schließlich zum praktischsten Ansatz für die Eisenerzflotation in den USA und in anderen westlichen Ländern wurde (Araujo et al., 2005).

In der Eisenerzindustrie wird die Schaumflotation entweder als erste Methode zur Konzentrierung von Eisenerzen eingesetzt, wie z. B. in den Betrieben von Cleveland-Cliffs in Michigan (USA), oder in Kombination mit der Magnetabscheidung, die in Minnesota (USA) und Samarco Mineracaco (Brasilien) zu einer beliebten Praxis geworden ist (Ma, 2012). Die Auswahl einer geeigneten Flotationsmethode hängt in hohem Maße von den Begleiteigenschaften des Haupteisenerzminerals ab. Die Flotation von Eisenerzen kann auf zwei Arten durchgeführt werden: direkt" oder umgekehrt". Bei der ersten Methode wird das Eisenoxid flotiert. Anionische Reagenzien wie Petroleumsulfonate oder Fettsäuren werden häufig verwendet. Strukturell haben diese Reagenzien negativ geladene ionische "Köpfe", die an langkettige organische "Schwänze" gebunden sind.

Bei der Umkehrflotation wird der Gangartstoff mit Hilfe geeigneter Reagenzien flotiert, während die Wertstoffe in der Suspension verbleiben und als Produkt/Konzentrat gesammelt werden. Diese Methode ist das genaue Gegenteil der direkten oder konventionellen Flotation und wird daher auch als Umkehrflotation bezeichnet. Sie findet breite Anwendung bei der Aufbereitung von Eisenerzen, Diaspora-Bauxit-Erzen, Phosphatgestein, Kaolinmineralien usw. Um bei der Eisenerzaufbereitung gereinigte eisenhaltige Konzentrate zu erhalten, wurde die Umkehrflotation von Kieselsäure und Silikaten sowohl mit kationischen als auch mit anionischen Reagenzien erfolgreich getestet (Houot, 1983; Ma et al., 2011; Pradip et al., 1993; Wang und Ren, 2005).

Die Grundsätze und die industrielle Praxis der Eisenerzflotation sind von Zeit zu Zeit überprüft worden (Houot 1983; Iwasaki 1983, 1989, 1999; Nummela und Iwasaki 1986; Uwadiale 1992).

Die meisten Forschungsarbeiten wurden zu Techniken durchgeführt, die bei der Eisenflotation zum Einsatz kommen, wobei der Schwerpunkt auf Siliziumdioxid liegt, aber auch andere Verunreinigungen müssen weiter erforscht werden. Bislang ist die Forschung zum Thema Eisenflotation der Untersuchung von Flotationsreagenzien gewidmet. Zur Flotation von Eisenerz wurde nur wenig Grundlagenforschung betrieben. Daher sind die Mechanismen, die die Wechselwirkungen zwischen den mineralischen Reagenzien in vielen Aspekten der bestehenden

4

Flotationssysteme steuern, nicht gut verstanden. Dies zeigt, dass es nur wenig Spielraum für Verbesserungen gibt und mehr Arbeit geleistet werden muss, um den Prozess zu verbessern.

1.2. Reagenzien für die Flotation von Eisenerzen

Die Art und die Zugabemengen der Reagenzien, die für die Aufbereitung von Eisenerzen durch Flotation erforderlich sind, hängen von der Art des Erzes und der gewählten Aufbereitungsmethode ab. Im Folgenden wird ein Überblick über die derzeit und/oder in der Vergangenheit in der Industrie verwendeten Flotationsreagenzien sowie über die in der Literatur dokumentierten Reagenzien gegeben.

Da die Kollektoren die wichtigsten Reagenzien in jedem Flotationssystem sind, lohnt es sich, einige ihrer Merkmale und andere wünschenswerte Eigenschaften aufzulisten. Die wichtigsten Klassen von Kollektoren sind:

1) *Anionisch.* Anionische Kollektoren sind die in der Flotation am häufigsten verwendete Gruppe. Diese Kollektoren sind schwache Säuren oder saure Salze, die in Wasser ionisiert werden, wodurch ein negativ geladener Kollektor entsteht. Die negativ geladene Gruppe wird dann von positiv geladenen Mineraloberflächen angezogen. Diese Kollektoren werden je nach Struktur der solidophilen Gruppe weiter unterteilt in Oxhydrylkollektoren, wenn die solidophile Gruppe auf organischen und sulfosauren Ionen basiert, und Sulfhydrylkollektoren, wenn die solidophile Gruppe zweiwertigen Schwefel enthält. Oxhydryl-Sammler werden vor allem für die Flotation von oxidischen Mineralien, Karbonaten, Oxiden und sulfogruppenhaltigen Mineralien verwendet. Fettsäuren, Harzsäuren, Seifen und Alkylsulfate oder -sulfonate sind die am häufigsten verwendeten Sammler für eisenhaltige Mineralien (Bulatovic, 2007). Naphthensäuren und ihre Seifen fallen ebenfalls in diese Kategorie, wurden aber aufgrund der begrenzten Verfügbarkeit nicht in großem Umfang eingesetzt. Die meisten grundlegenden Forschungsarbeiten zu Oxhydridsammlern waren Natriumoleaten und Ölsäuren gewidmet (Kulkarni und Somasundaran, 1975; Fuerstenau und Palmer, 1976; Kulkarni und Somasundaran, 1980; Fuerstenau und Pradip, 1984).

2) *Kationisch.* Kationische Sammler werden hauptsächlich für die Flotation von Silikaten und bestimmten Oxiden seltener Metalle sowie für die Trennung von Kaliumchlorid (Sylvit) von Natriumchlorid (Halit) verwendet (Darling, 2011).

Diese Kollektoren verwenden eine positiv geladene Amingruppe, um an mineralischen Oberflächen zu haften. Da die Amingruppe eine positive Ladung hat, kann sie sich an negativ geladene Mineraloberflächen anlagern. Das gemeinsame Element aller kationischen Kollektoren ist eine Stickstoffgruppe, die ungepaarte Elektronen enthält. Die kovalente Verbindung zum Stickstoff besteht in der Regel aus einem Wasserstoffatom und einer Kohlenwasserstoffgruppe. Eine Änderung

5

der Anzahl der an den Stickstoff gebundenen Kohlenwasserstoffreste bestimmt die Flotationseigenschaften von Aminen im Allgemeinen (Bulatovic, 2007). Zu dieser Gruppe gehören die primären aliphatischen Amine, Diamine, quaternäre Ammoniumsalze und die neueren Beta-Amin- und Ether-Amin-Produkte. Kürzlich wurde die Synthese neuer Kollektoren mit einer Kohlenwasserstoffkette mit gemischter aliphatischer Struktur und einer Aminogruppe durchgeführt (Liu Wen-gang et al., 2009; 2011). In einigen Konzentratoren wird das Amin teilweise durch eine Art Heizöl ersetzt. Die Emulgierung des Heizöls spielt in diesem Prozess eine wichtige Rolle. Der Preis von Heizöl ist niedriger als der von Amin, und es wurden keine wesentlichen Umweltauswirkungen untersucht. Amin spielt bei der Eisenerzflotation auch die Rolle eines Schaumbildners. Da Schaumbildner weniger kosten als Amine, wurde die Möglichkeit eines teilweisen Ersatzes von Aminen durch gewöhnliche Schaumbildner untersucht, aber das Thema erfordert noch weitere Studien (Araujo et al., 2005).

Kapitel 2

Anionische Flotation

2.1. Anionische Kollektoren

2.1.1. Carboxylate

Fettsäuresammler werden häufig für die Flotation von Phosphaten, Spodumen und Seltenerdmineralien verwendet (Bulatovic, 2007). Fettsäuren werden als anionische Oxyhydryl-Sammler mit einer Carboxylgruppe kategorisiert. Die allgemeine Formel einer ungesättigten Fettsäure lautet C_nH_{2n-1}. Die allgemeine Unterstrukturformel lautet (Abb. 2.1).

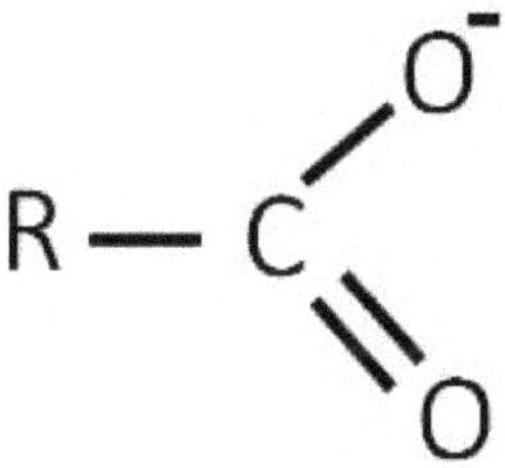

Abbildung 2.1. Allgemeine Substrukturformel der Fettsäuren

Wobei "R" ein langes, aliphatisches Ende ist. Dieser Kohlenwasserstoffschwanz ist die unpolare Gruppe des heteropolaren Kollektormoleküls, die die Mineraloberfläche hydrophob macht, wenn die polare Gruppe (Carboxylgruppe) an der Mineraloberfläche adsorbiert ist.

Typische Vertreter dieser Gruppe sind Ölsäure, Natriumoleat, synthetische Fettsäuren, Tallöle und einige oxidierte Erdölderivate. Im Allgemeinen benötigen Fettsäuresammler die Hilfe von Dispersionsmitteln wie Natriumsilikat, und die Konditionierung bei hoher Dichte (mindestens 50 % Feststoffe) kann die Wirksamkeit dieses Sammlers verbessern. Die Löslichkeit und Adsorption von Fettsäuren auf mineralischen Oberflächen ist temperaturabhängig, und die Konditionierung muss bei Temperaturen über 20 °C erfolgen, obwohl die Empfindlichkeit der Adsorption des Sammlers gegenüber der Zellstofftemperatur unterschiedlich ist und von Fall zu Fall gemessen werden muss.

Verschiedene Fettsäuren, die als Sammler verwendet werden, sind hauptsächlich eine Mischung aus Öl-, Linol-, konjugierter Linol-, Palmitin- und Stearinsäure. In der Mineralstoffindustrie werden diese Fettsäuren als Tallöle bezeichnet. In der Regel wird beobachtet, dass die Festigkeit, die Schaumstruktur und die Selektivität des Tallöls durch den Gehalt an Kolophonium-Säuren bestimmt werden (Bulatovic, 2007).

Die Adsorption von anionischen Sammlern an Hämatit spielt bei der direkten Flotation eine Schlüsselrolle. Die Chemisorption von Oleat- (Peck et al., 1966) und Hydroxamat-Sammlern (Fuerstenau et al., 1970; Han et al., 1973; Raghavan und Fuerstenau, 1975) an Hämatit wurde durch infrarotspektroskopische Untersuchungen festgestellt.

2.1.2. Hydroxamate

Hydroxamate sind chelatbildende Reagenzien, die ein N-Alkylderivat von Hydroxyl sind. Chelatbildende Reagenzien werden häufig als Sammler in der Flotation von Oxidmineralien eingesetzt, da sie spezifisch für die Komplexierung von Metallen sind und die Selektivität im Vergleich zu anderen herkömmlichen Sammlern verbessern. In Lösung wirken sie auch als Fettsäure. Eine typische Hydroxamatstruktur ist unten dargestellt (Abb. 2.2):

Abbildung 2.2. Typische Hydroxamatstruktur

Diese Sammler sind sehr selektiv in Bezug auf Karbonate, aber sie sind empfindlich gegenüber Feinanteilen, so dass der Konditionierung eine ausgedehnte Entkalkung vorausgehen muss. Fuerstenau et al. (1970) erläuterten die Flotationsergebnisse, die aus natürlichen Eisenerzen erzielt werden können, wenn Hydroxamat als Sammler verwendet wird, im Vergleich zu den Ergebnissen, die bei Verwendung von Fettsäure erzielt werden.

Die optimalen pH-Werte für die Flotation mit Oleat und Hydroxamal waren pH 8 bzw. 9. Da der ZPC von natürlichem Eisenoxid bei pH 6,7 liegt, kann daraus geschlossen werden, dass diese beiden Sammler unter diesen Bedingungen chemisch adsorbieren. Die Infrarotergebnisse der Oleatadsorption auf Hämatit und die des Systems Hydroxamat-Hämatit bestätigen diese Annahme.

Im Wesentlichen gab es keinen Unterschied zwischen den Ergebnissen, die mit Hydroxamat oder Fettsäure erzielt wurden, obwohl im Fall von Fettsäure höhere Zugaben von Sammlern und eine Konditionierung mit hoher Zellstoffdichte erforderlich waren. Der Schritt der Konditionierung mit hohem Feststoffgehalt könnte auf die unterschiedlichen Löslichkeitsprodukte von Eisen(III)-Hydroxamat und Eisen(III)-Oleat zurückzuführen sein. Andererseits wurden bei einem Erz, das auf eine sehr feine Größe gemahlen werden musste, mit relativ geringen Zusätzen von Hydroxamat ein guter Produktgehalt und eine gute Ausbeute erzielt, während mit Fettsäure fast keine Anreicherung erreicht wurde.

2.1.3. Sulfonate

In der Praxis werden Sulfonate durch die Behandlung von Erdölfraktionen mit Schwefelsäure und die Entfernung des bei der Reaktion gebildeten Säureschlamms hergestellt, gefolgt von der Extraktion des Sulfonats und der Reinigung (Bulatovic, 2007). Mowla et al. (2008) untersuchten die Flotation von Hämatit aus einem lokalen Quarzsanderz unter Verwendung von Sulfonatsammlern (Aero-800). In der verfügbaren Patentliteratur werden mehrere für die Flotation mit Sulfonaten relevante Aufbereitungsverfahren beschrieben (Iwasaki 1983; Norman, 1986).

Verschiedenen Studien zufolge (Abdel-Khalek et al., 1994; Gaieda und Gallalab 2015) wurden in der Quarzglassand- und Feldspatflotation häufig Petroleumsulfonat-Promotoren eingesetzt, um Eisenoxide zu entfernen.

2.2. Direkte anionische Flotationsroute

Es hat sich gezeigt, dass die Hämatitflotation bei Verwendung von Oleat als Sammler sehr empfindlich auf den pH-Wert reagiert und dass die besten Flotationsergebnisse im pH-Bereich von 68 erzielt werden. Außerdem wurde berichtet, dass eine Erhöhung der Konditionierungstemperatur die Hämatit-Flotationsreaktion deutlich verbessert. Eine Erhöhung der Ionenstärke der Lösung kann die Hämatitflotation unter Verwendung von Oleat ebenfalls merklich verbessern.

Die Bedeutung der Chemie der Oleatlösung für den Flotationsprozess ergibt sich aus der Tatsache, dass die Ölsäure in wässriger Lösung hydrolysiert wird und komplexe Spezies bildet, die oberflächenaktive Eigenschaften und eine deutlich unterschiedliche Löslichkeit aufweisen (Somsook, 1969).

Es ist weit verbreitet, dass es im neutralen pH-Bereich sehr oberflächenaktiv ist. Eine Änderung des pH-Wertes oder anderer Variablen wie der Temperatur verändert nicht nur den chemischen Zustand des Oleats, sondern auch die Menge, die im Wasser gelöst ist, sowie seine effektive Oberflächenaktivität an verschiedenen Grenzflächen.

In den vergangenen Jahren wurden umfangreiche Forschungsarbeiten zu Flotationssystemen aus Ölsäure und Eisenoxid durchgeführt, da verschiedene Forscher aufgrund der komplexen Lösungschemie der Ölsäure unterschiedliche Ergebnisse beobachteten. Die Studien zeigten keine Korrelation zwischen Oleatadsorption und Flotationsverhalten. Die maximale Flotation von Hämatit findet im neutralen pH-Bereich statt, während die Adsorption von Oleat an Hämatit mit sinkendem pH-Wert zunimmt (Pope und Sutton 1973; Kulkarni und Somasundaran 1975). Auch über den Mechanismus der Adsorption von Oleat an Hämatit herrscht unter den Forschern keine absolute Einigkeit. Yap et al. (1981) und Morgan (1986) haben die Gründe für die Diskrepanzen

9

herausgearbeitet, die den bei Adsorptionsversuchen verwendeten experimentellen Techniken zugrunde liegen.

Die Untersuchung der Flotationschemie von Hämatit/Oleat-Systemen basiert auf den oben genannten Überlegungen und ist auf das Verständnis der Grundlagen ausgerichtet. Kulkarni und Somasundaran (1980) untersuchten die Hämatitflotation unter Verwendung von Oleat unter einer Vielzahl von Versuchsbedingungen wie pH-Wert, Ionenstärke, Temperatur und Oleatkonzentration. Für alle Flotationsversuche wurde eine modifizierte Hallimond-Zelle mit automatischer Steuerung der Flotationszeit sowie der Rührintensität und -dauer verwendet. Abb. 2.3 zeigt den Einfluss des pH-Wertes auf die Flotation von natürlichem Hämatit in der Hallimond-Zelle. Die maximale Flotation wird im Bereich des neutralen pH-Wertes erreicht, was mit den in der Literatur veröffentlichten Ergebnissen übereinstimmt (Peck et al., 1966). Aus mechanistischer Sicht ist dieses Ergebnis sehr bedeutsam, da es das Konzept in Frage stellt, dass die maximale Flotationsreaktion im neutralen pH-Bereich auf die Existenz von ZPC von Hämatit in diesem pH-Bereich zurückzuführen ist.

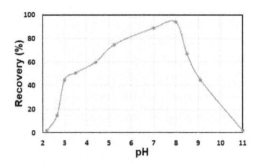

Abb. 2.3. Hämatitflotation mit 3 * 10-1 M Oleat bei 100°C.

Das Flotationsverhalten von Hämatit unter zwei verschiedenen Versuchsbedingungen ist in Abb. 5 als Funktion des pH-Werts dargestellt. In einem Fall wird die Konditionierung bei dem pH-Wert der Flotation durchgeführt (Bedingung A), im anderen Fall bei pH 7,6 (Bedingung B). Im letzteren Fall wird der pH-Wert der Lösung schnell auf einen vorgegebenen Wert geändert, nach der Konditionierung erfolgt die Flotation innerhalb von 30 s. Anhand dieser Abbildung wird deutlich, dass sich das Flotationsverhalten unter den beiden Bedingungen messbar unterscheidet. Der starke Abfall der Flotation oberhalb von pH 9 unter Bedingung B kann auf die zunehmende Abstoßung zwischen der negativ geladenen Gasblase und dem ähnlich geladenen Hämatitpartikel zurückgeführt werden. Andererseits ist der Flotationsrückgang im sauren pH-Bereich das Ergebnis einer geringeren Adsorption von Oleat an der Flüssigkeits/Luft-Grenzfläche, wie der geringere Oberflächendruck von Oleatlösungen unter diesen Bedingungen zeigt.

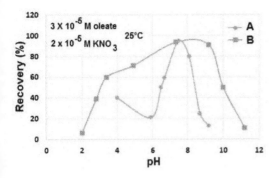

Abb. 2.4. Die Auswirkung der Einstellung des pH-Wertes nach der Konditionierung auf die Hämatitflotation bei 26°C und $2 * 10^{-5}$ M KNO3, unter Verwendung von $3 * 10^{-5}$ M Oleat.

Der Prozess der Adsorption von Oleat an Hämatit erwies sich als stark zeitabhängig, wobei die Gleichgewichtszeit eine Funktion des pH-Werts der Lösung, der Ionenstärke, der Oleatkonzentration und der Temperatur ist. Abb. 2.5 zeigt typische Ergebnisse für die Kinetik der Oleat-Adsorption an natürlichem Hämatit bei 75 °C unter verschiedenen pH-Bedingungen.

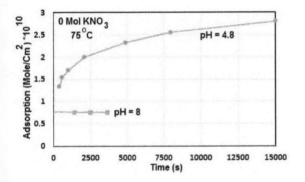

Abb. 2.5. Einfluss des pH-Werts auf die Kinetik der Oleat-Adsorption an Hämatit mit $1,5 * 10^{-1}$ M Kaliumoleat bei 75°C.

Die starke pH-Abhängigkeit der Äquilibrierungszeit und der Gesamtadsorption ist in dieser Abbildung offensichtlich. Während beispielsweise bei pH 8 weniger als 100 s für die Äquilibrierung benötigt werden, sind es bei pH 4,8 mehr als 15.000 s. Die Gleichgewichtsadsorption ist in Abb. 2.6 als Funktion des pH-Werts aufgetragen. Die gesamte Oleatadsorption steigt mit sinkendem pH-Wert an.

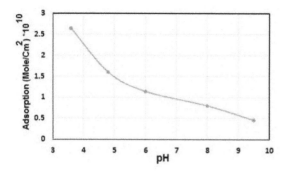

Abb. 2.6. Einfluss des pH-Wertes auf die Oleat-Adsorption mit 1,5*10-5 M Kaliumoleat bei 75°C.

Die Gleichgewichtsoleatkonzentration hängt in der Tat vom Ausmaß des Oleatverlustes durch Adsorption ab. Es ist darauf hinzuweisen, dass Oleat unter niedrigen pH-Bedingungen in Lösung als Dispersion vorliegt. Unter solchen Bedingungen kann das Verschwinden von Oleat aus der Lösung auf Phasentrennung und/oder Heteroaggregation mit Hämatitpartikeln zurückzuführen sein. Es wurden mehrere Kontrollversuche durchgeführt, um zu klären, ob eine signifikante Phasentrennung auftrat. Bei diesen Experimenten wurde das normale Testverfahren angewandt, mit der Ausnahme, dass kein Hämatit hinzugefügt wurde. In einem solchen Fall kann der Rückgang der Oleatkonzentration mit der Phasentrennung in Verbindung gebracht werden.

Diese Versuche ergaben auch nach achtstündigem Rühren keinen nennenswerten Verlust von Oleat aus der Lösung. Alternativ dazu wurde eine weitere Versuchsreihe mit 0,5 und 0,25 g Hämatitproben in 100 ml Oleatlösung durchgeführt.

Es wurde festgestellt, dass die Reduzierung der Hämatitmenge von 0,5 auf 0,25 g die Verlustrate von Oleat aus der Lösung auf die Hälfte senkte, ohne die Kinetik der Oleatadsorption zu verändern. Diese Experimente bestätigten eindeutig, dass der Verlust von Oleat aus der Lösung auf seine Übertragung auf die Hämatitoberfläche zurückzuführen ist. Abb. 2.7 zeigt die Auswirkung der Oleatkonzentration auf die Gleichgewichtsadsorptionsdichte bei pH 8,0 und unter verschiedenen Versuchsbedingungen (Ionenstärke und Temperatur). Die Auswirkungen der Variablen Ionenstärke, Oleatkonzentration und Temperatur mit Ausnahme des pH-Werts sind ähnlich wie bei der Hämatitflotation. Die Erhöhung der Ionenstärke erhöht die Oleat-Adsorptionsdichte. Es wurde auch beobachtet, dass unter Bedingungen mit geringer Ionenstärke die Erhöhung der Konditionierungstemperatur die Flotationsreaktion stark verbessert, während unter Bedingungen mit hoher Ionenstärke das Gegenteil der Fall ist.

12

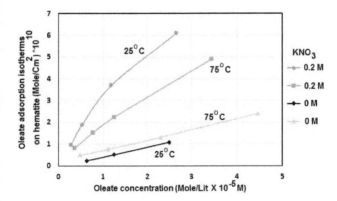

Abb. 2.7. Einfluss von Ionenstärke und Temperatur auf die Oleat-Adsorptionsisothermen an Hämatit bei pH 8,0.

Die Wirkung von pH-Wert, Temperatur und Ionenstärke auf die Korrelation zwischen Wiederfindung und Adsorption bei 0,2 M KNO3 ist in Abb. 2.8 dargestellt. Es ist festzustellen, dass die Erhöhung der Konditionierungstemperatur auch eine signifikante Verschiebung des Korrelationsgrades bewirkt. Um eine bestimmte Flotationsausbeute zu erreichen, ist also unter erhöhten Temperaturbedingungen eine viel geringere Adsorptionsdichte erforderlich.

Alle in dieser Abbildung dargestellten Kurven haben die Form eines verlängerten S, wobei die Wiederfindungsraten im Bereich von 10-90 % mit zunehmender Adsorptionsdichte linear ansteigen. Unter Bedingungen mit hoher Ionenstärke nimmt die Oleatadsorption bei allen pH-Werten mit steigender Temperatur ab. Bei niedrigeren Ionenstärken erhöht der Temperaturanstieg die Oleatadsorption bei pH 8,0, verringert sie aber bei pH 4,8.

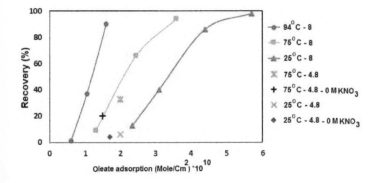

Abb. 2.8. Korrelation zwischen Flotation und Adsorption. Einfluss von pH-Wert, Temperatur und Ionenstärke

2.2.1. Oleatadsorption in Verbindung mit Hämatitflotation

13

Das Flotationsverhalten eines Systems ist in der Regel mit seinen Adsorptionseigenschaften korreliert, wobei die Zunahme der Flotation auf eine erhöhte Adsorptionsdichte des Kollektors auf dem Mineral zurückzuführen ist.

Abb. 2.9 zeigt die Variation der Flotationsausbeute und der Adsorptionseigenschaften dieses Flotationssystems in Abhängigkeit vom pH-Wert. Es ist deutlich zu erkennen, dass die Flotationseigenschaften nicht dem Adsorptionsverhalten dieses Systems folgen. Die Adsorptionsdichte nimmt mit sinkendem pH-Wert kontinuierlich zu, während die Flotation unterhalb von pH 7,5 abnimmt.

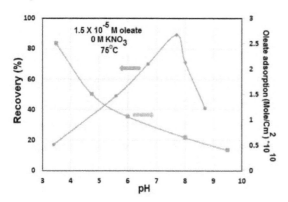

Abb. 2.9: pH-Abhängigkeit der Flotation und Adsorption in einem Hämatit-Oleat-System mit 1,5 * 10⁻⁵ M Kaliumoleat bei 75°C.

Abbildung 2.9 zeigt die typische fehlende Korrelation zwischen Oleatadsorption an Hämatit und Flotierbarkeit von Hämatit durch Oleat (Morgan 1986). Die Flotierbarkeit von Hämatit weist ein deutliches Maximum im neutralen pH-Bereich auf, während die Adsorptionsdichte mit steigendem pH-Wert kontinuierlich abnimmt. Es wurden mehrere Mechanismen vorgeschlagen, um den Unterschied zwischen Adsorption und Hydrophobie zu erklären. Sorgfältige Experimente, die frei von Artefakten der Oleatverarmung (durch Ausfällung verdeckte Adsorption) sind, und die Subtraktion der durch das chemische Gleichgewicht ermittelten Menge an ausgefällter Ölsäure zeigten, dass die Adsorptionskurve ein Maximum im neutralen pH-Bereich aufweist, das mit der Flotationskurve korreliert. Die maximale Flotation von Hämatit mit Oleat im neutralen pH-Bereich ist ein allgemeines Merkmal, und mehrere andere Oxidminerale mit deutlich unterschiedlichen chemischen und elektrochemischen Oberflächeneigenschaften zeigen ebenfalls eine maximale Flotation im pH-Bereich von 7-8 (Somasundaran und Ananthapadmanabhan, 1979). Dies wird auf die Bildung des Säure-Seife-Komplexes in diesem pH-Bereich und seine hohe Oberflächenaktivität zurückgeführt (Kulkarni und Somasundaran, 1975; Ananthapadmanabhan und Somasundaran, 1988).

14

Nach Jung et al. (1988) weist die Säure-Seife-Komplex-Spezies eine merkliche Konzentration an der Goethit-Wasser-Grenzfläche auf. Der Säure-Seife-Komplex tritt bei hoher Ionenstärke auf, ist aber bei niedrigen Oleatkonzentrationen und niedriger Ionenstärke unbedeutend (Yap et al., 1981). Der Mechanismus ihrer Interaktion hängt von der Lösungschemie und der Form der verschiedenen in der Lösung vorhandenen Spezies ab. Die maximale Flotation von Eisenoxiden findet bei einem pH-Wert statt, der dem pKa-Wert dieser Tenside entspricht, wenn die Verteilung der ionisierten und molekularen Spezies gleich ist. Im Falle von Oleat erklärt sich die maximale Flotation im neutralen pH-Bereich, der auch sein pKa-Wert ist, durch die Bildung eines Säure-Seifen-Komplexes und seine hohe Oberflächenaktivität. Bei sauren pH-Werten, bei denen neutrale Ölsäuremoleküle ausfallen, sind die Partikel mit Ölsäurepräzipitaten überzogen. Die Flotation von Hämatit mit Hydroxamatsammlern ist ebenfalls in einem pH-Bereich maximal, der ihren pKa-Werten entspricht (Fuerstenau und Cummins, 1967; Fuerstenau et al., 1970; Raghavan und Fuerstenau 1975).

Die Untersuchungen des Zeta-Potenzials von Hämatit in Gegenwart von Fettsäuren bei sauren pH-Werten (niedriger als das ZPC von Hämatit) zeigten, dass die Partikel mit der molekularen Form von Sammlerniederschlägen bedeckt sind, die dem Ausfällungsbereich von Fettsäuren entsprechen (Laskowski et al., 1988). Die IEP-Daten für verschiedene Oxidmineral-Oleat-Systeme sind bei einem pH-Wert von 3,2 bemerkenswert stabil (Jung et al., 1987), was mit dem IEP der molekularen Ölsäureausfällungen übereinstimmt. Wenn die Adsorptionsstudien bei Konzentrationen durchgeführt werden, die frei von unlöslicher Ölsäure oder Metalloleaten sind, zeigen die Ergebnisse eine coulombische Kontrolle der Adsorption, hydrophobe Wechselwirkungen (Hemimicellenbildung) und Coadsorption von löslicher neutraler Ölsäure und Oleationen (Jung et al., 1987). Die maximale Flotation von Eisenoxiden im pH-Bereich, der dem pKa der Ölsäure und dem pKa der Hydroxamsäuren entspricht, könnte darauf hindeuten, dass die adsorbierte Schicht sowohl aus neutralen als auch aus ionischen Spezies besteht, wobei das neutrale Molekül, das zwischen die beiden geladenen Ionen passt, die gegenseitige Abstoßung an der Grenzfläche abschirmt. Da es sich um ein einfaches Tensidsystem handelt, das jedoch in neutraler und ionischer Form mit der gleichen Alkylkettenlänge vorliegt, könnte die adsorbierte Schicht sehr dicht sein, was den hydrophoben Charakter der Oberfläche und die Flotation erhöht. Die Adsorption von Oleat auf Hämatit bei pH-Werten und Konzentrationsbereichen, die die Bildung von flüssiger Ölsäure und Säure-Seife-Komplexen verhindern, zeigte Chemisorption und physikalische Adsorption bei höheren Bedeckungen (Yap et al., 1981). Die Chemisorption von Oleat- (Peck et al., 1966) und Hydroxamat-(Fuerstenau et al., 1970; Raghavan und Fuerstenau, 1975) Sammlern auf Hämatit wurde durch infrarotspektroskopische Untersuchungen beobachtet.

In Arbeiten von Pope und Peck (Peck und Raby, 1966; Pope und Sutton, 1973) wurde die physikalische Adsorption, d. h. durch elektrostatische Wechselwirkung, Wasserstoffbrückenbindungen usw., der Chemisorption gegenübergestellt, bei der eine neue Spezies gebildet wird. Die Zunahme der Adsorption von Ölsäure bei sinkendem pH-Wert wurde auf eine verstärkte physikalische Adsorption unter sauren Bedingungen zurückgeführt, und die Autoren vermuteten, dass der physikalisch adsorbierte Kollektor dem Mineral keine Hydrophobie verleiht, was nur beim chemisch adsorbierten Oleat der Fall ist. Nach dieser Hypothese wurde Oleat an den neutralen Hydroxylstellen der Oberfläche chemisorbiert, die am Punkt der Nullladung von Hämatit, pH = 8, in maximaler Menge vorhanden sein sollen. Es ist jedoch nicht klar, dass physikalisch adsorbierte Tenside keine hydrophobe Mineraloberfläche erzeugen sollten. Auch der Chemisorptionsmechanismus kann die beobachteten Phänomene nicht erklären. Ausgehend von den Daten, die für die verschiedenen Eisen(III)-Spezies im Gleichgewicht mit Hämatit vorliegen, ist nicht zu erwarten, dass die neutrale Hydroxylkonzentration an der Oberfläche eine signifikante pH-Abhängigkeit über den gesamten pH-Bereich von 3 bis 12 aufweist. Außerdem erklärt dies nicht die beobachtete Abhängigkeit des pH-Werts der maximalen Flotation von der Gesamtölkonzentration (Somasundaran und Ananthapadmanabhan, 1979).

In einer anderen Arbeit von Kulkarni (1975) wurde vorgeschlagen, dass die pH-sensitive Kinetik der Grenzflächenadsorption der unterschiedlich oberflächenaktiven Spezies eine entscheidende Rolle spielen kann, obwohl der Autor feststellte, dass keine direkte Korrelation zwischen Adsorptionsdichte und Flotationsausbeute hergestellt werden kann. So sind bei konstanter Oleat-Adsorptionsdichte je nach Art der adsorbierenden Oleatspezies und den dynamischen Adsorptionseigenschaften der Tenside im System unterschiedliche Flotationsausbeuten möglich. Wie die Ergebnisse für die dynamische Oberflächenspannung zeigen, entsprach die maximale Flotation der schnellsten Grenzflächenkinetik. Die geringere Flotierbarkeit im basischen pH-Bereich wurde auf eine geringere Oleatadsorption an der Fest-Flüssig-Grenzfläche und eine geringere Oleat-Grenzflächenaktivität zurückgeführt, während die Abnahme im sauren Bereich auf die Adsorption von weniger oberflächenaktiver Ölsäure anstelle des Säure-Seife-Komplexes und eine langsamere Grenzflächenkinetik zurückzuführen war. Wäre jedoch die Adsorptionskinetik der verschiedenen Spezies der einzige Faktor, müsste die Nichtgleichgewichtsadsorption, die nach der gleichen Konditionierungszeit wie bei den Flotationsversuchen gemessen wurde, mit der Wiederfindung korrelieren.

In einer späteren Veröffentlichung stellten Ananthapadmanabhan und Somasundaran (1980) eine lineare Kurve zwischen dem pH-Wert der maximalen Flotation von Hämatit und dem pH-Wert der minimalen Oberflächenspannung als Funktion der Oleatkonzentration dar. Diese Daten liegen auf einer einzigen Linie und wurden verwendet, um zu veranschaulichen, dass sie beide mit dem

Maximum der Ölsäure-Seifen-Konzentration zusammenfallen. Die Veränderungen der Oberflächenspannung wässriger Oleatlösungen mit dem pH-Wert wurden in einigen Veröffentlichungen (De Castro und Borrego, 1995; Theander und Pugh, 2001) erneut untersucht. Beunen et al. (1978) wiesen mathematisch nach, dass das Oberflächenspannungsminimum dadurch erklärt werden kann, dass die undissoziierte Säure als Reservoir von Tensidmolekülen betrachtet wird, die sich bei Erhöhung des pH-Werts auflösen. Dieser Anstieg der Tensidkonzentration führte zu einer verstärkten Adsorption an der Grenzfläche und folglich zu einer Verringerung der Oberflächenspannung. Die Konzentration der Lösung wurde konstant, als der pH-Wert einen bestimmten Wert, die so genannte Löslichkeitskante, überschritt. Ein weiterer Anstieg des pH-Wertes führte zu einer zunehmenden elektrostatischen Abstoßung des negativen Tensids von der Grenzfläche, was einen Anstieg der Oberflächenspannung zur Folge hatte und zu einem Minimum der Oberflächenspannung an der Löslichkeitskante führte.

Nach dem obigen Ergebnis lassen sich die wichtigsten Merkmale dieses Flotationssystems wie folgt beschreiben:

1. Das Flotationsverhalten von Hämatit und die Oleat-Adsorptionseigenschaften reagieren sehr empfindlich auf den pH-Wert, insbesondere im neutralen pH-Bereich. Während jedoch die maximale Flotierbarkeit von Hämatit bei einem pH-Wert von 7 bis 8 beobachtet wird, ist für die Oleat-Adsorptionsdichte in diesem pH-Bereich kein solches Maximum festzustellen. Vielmehr nimmt die Oleat-Adsorptionsdichte mit steigendem pH-Wert kontinuierlich ab.

2. Eine Erhöhung der Temperatur unter Bedingungen mit niedriger Ionenstärke erhöht die Oleatadsorption an Hämatit und führt zu einer Verbesserung der Flotationsreaktion von Hämatit. Die Verbesserung des Flotationsverhaltens ist jedoch im sauren pH-Bereich viel deutlicher. Unter ähnlichen Bedingungen verbessert sich zwar die dynamische Oberflächenspannung von Oleat, aber seine Oberflächenaktivität nimmt unter sauren pH-Bedingungen ab und erhöht sich unter basischen pH-Bedingungen nur geringfügig.

3. Eine Erhöhung der Ionenstärke bei niedrigeren Temperaturen verbessert die Adsorptionseigenschaften von Oleat, seine Oberflächenaktivität an der Grenzfläche zwischen Flüssigkeit und Luft sowie die Flotationseigenschaften von Hämatit, während die dynamische Oberflächenspannung von Oleatlösungen nur geringfügig beeinflusst wird.

4. Wie andere Oleat-Flotationssysteme benötigt auch das Hämatit/Oleat-System eine längere Konditionierungszeit, insbesondere bei pH-Werten unter 8, bei denen die Oleat-Adsorption an der Flüssigkeits/Luft-Grenzfläche sowie an der Hämatit-Oberfläche eher langsam erfolgt.

5. Bei hohen pH-Werten, d. h. über pH 10, ist die geringe Flotationsausbeute vermutlich auf eine

geringere Oleatadsorption sowie auf die ungünstige Wechselwirkung zwischen Partikeln und Blasen zurückzuführen.

Die oben genannten Ergebnisse zeigen deutlich die komplexe Natur dieses Flotationssystems. Wie bereits erwähnt, wurden in der Vergangenheit mehrere Theorien entwickelt, um einige der besonderen Merkmale dieses Flotationssystems zu erklären. Keine von ihnen wird jedoch als zufriedenstellend angesehen, um alle oben genannten Eigenschaften zu erklären. Das Scheitern dieser Modelle ist auf zwei Gründe zurückzuführen:

(a) Sie haben die Veränderungen des chemischen Zustands des Oleats in der Lösung unter verschiedenen Versuchsbedingungen nicht berücksichtigt.

(b) Die Rolle anderer Grenzflächen, insbesondere der Grenzfläche zwischen Lösung und Gas, wurde vernachlässigt. Um die Rolle dieser beiden Faktoren bei der Flotation richtig bewerten zu können, müssen zunächst die chemischen Gleichgewichte von Oleat in Lösung betrachtet werden.

2.3. Umgekehrte anionische Flotation

Die anionische Direktflotation von Eisenoxiden scheint ein attraktiver Weg für die Aufkonzentrierung von minderwertigen Erzen oder von Material, das derzeit in Absetzteichen gelagert wird, zu sein. Fettsäuren können als Sammler eingesetzt werden, aber die Depression der Gangminerale ist eine Herausforderung, die noch überwunden werden muss. Die anionische Umkehrflotation von aktiviertem Quarz war eine Methode, die in den Anfängen der Quarzflotation angewandt wurde, als den Mineralverarbeitern keine Amine zur Verfügung standen.

Silikate werden auch durch den Einsatz von anionischen Sammlern mit Metallionenaktivierung aufgeschwemmt. Die umfangreichen Arbeiten von Fuerstenau und Mitarbeitern (Fuerstenau et al., 1963; 1966; 1970;

1967; Palmer et al., 1975) erklären, dass die aktivierende Spezies der erste Hydroxylkomplex ist und die Flotation nur in dem pH-Bereich stattfindet, der der Bildung der primären Hydroxylspezies entspricht. Die Flotationsreaktionen von Quarz korrelieren mit der Konzentration des anionischen Sammlers am Niederschlagsrand der Metallseife, was bedeutet, dass der Hydroxylkomplex mit Oleat oder Sulfonat interagiert, um die Sammlerspezies zu bilden.

Bei der umgekehrten anionischen Flotation wird Quarz zurückgewiesen, indem er zunächst mit Kalk aktiviert und dann mit Fettsäuren als Sammler aufgeschwemmt wird. Zu den Vorteilen der umgekehrten anionischen Flotation im Vergleich zur umgekehrten kationischen Flotation gehören die fast geringere Empfindlichkeit gegenüber dem Vorhandensein von Schlamm und die geringeren Kosten für Reagenzien, da Fettsäuren die Hauptbestandteile der Abfälle aus der Papierindustrie sind (Ma et al., 2011). Houot (1983) behauptete, dass die Schleimtoleranz bei der umgekehrten

18

anionischen Flotation so hoch ist, dass eine Entkalkung vor der Flotation nicht erforderlich ist. In den letzten Jahren wurde die umgekehrte anionische Flotation in Chinas wichtigstem Eisenerzgebiet, Anshan, erfolgreich eingesetzt (Shen und Huang, 2005; Zhang et al., 2006). In diesen Studien wurde die umgekehrte anionische Flotation ohne Entkalkung durchgeführt, was die Behauptung von Houot (1983) zu bestätigen scheint.

Ma et al. (2011) haben gezeigt, dass die umgekehrte anionische Flotation bessere Ergebnisse bei der Flotation feiner Partikel (<10 μm) aus dem Eisenerz von Vale erzielt als die kationische Flotation desselben Materials. Die umgekehrte kationische Flotation von Schlämmen lieferte nicht die erforderliche Selektivität bei der Trennung. Bei der Flotation von groben Partikeln (>210 μm) war die umgekehrte kationische Flotation dagegen leistungsfähiger. Letztlich bestätigte die Untersuchung, dass die umgekehrte kationische Flotation empfindlicher auf die Entkalkung des Flotationsmaterials reagiert, während die anionische Flotation empfindlicher auf die ionische Zusammensetzung der Trübe reagiert.

Abb. 2.10 zeigt die kumulative Ausbeute von Quarz und Eisen als Funktion der Flotationszeit bei der kationischen/anionischen Umkehrflotation. Die Versuche zur reversen kationischen Flotation wurden bei einem pH-Wert von 10,5 und die Versuche zur reversen anionischen Flotation bei einem pH-Wert von 11,5 durchgeführt (Ma et al., 2011).

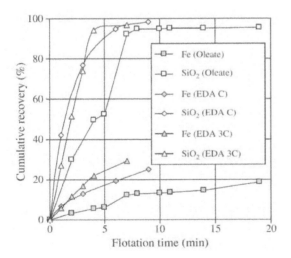

Abb. 2.10. Kumulative Gewinnung von Quarz und Eisen in Abhängigkeit von der Flotationszeit unter Verwendung von Natriumoleat und Isononyletheraminen (EDA C und EDA 3C) als Sammler. 1000 g/t Stärke wurden als Depressionsmittel verwendet.

Offensichtlich ist die Flotation von Quarz bei der umgekehrten kationischen Flotation wesentlich schneller als bei der umgekehrten anionischen Flotation. Bei der umgekehrten anionischen Flotation

19

bleibt selbst nach längerer Flotationszeit ein kleiner Teil des Quarzes unflotiert.

Die Ausbeutekurven in Abb. 2.11 zeigen, dass die Fe-Ausbeute in den Konzentraten für ultrafeine Partikel (weniger als 10 µm) bei der kationischen Umkehrflotation extrem niedrig ist und zwischen 3 und 7 % liegt, was wahrscheinlich auf das Mitreißen von ultrafeinen Hämatitpartikeln in den Schaumprodukten zurückzuführen ist. Bei der umgekehrten anionischen Flotation ist die Ausbeute an ultrafeinen Hämatitpartikeln jedoch deutlich höher, wobei fast alle ultrafeinen Quarzpartikel zurückgewiesen werden. Die Rückgewinnung von Hämatit im Partikelgrößenbereich von 5 bis 10 µm beträgt 58 % und sinkt bei feineren Partikeln auf 15 %. Im Gegensatz dazu schneidet die umgekehrte kationische Flotation im Bereich der groben Partikelgröße (>210 µm) besser ab als die umgekehrte anionische Flotation, wobei mehr grobe Quarzpartikel zurückgewiesen werden. Abb. 2.11 zeigt, dass die nicht aufgeschwemmten groben Quarzpartikel in der umgekehrten anionischen Flotation dem kleinen Anteil an Quarz entsprechen, der auch nach längerer Flotationszeit in Abb. 2.10 nicht aufgeschwemmt wird.

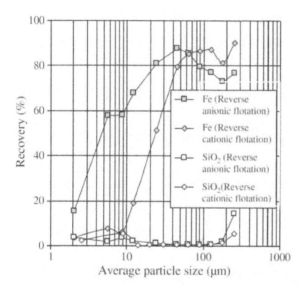

Abb. 2.11. Größenbezogene Rückgewinnung einzelner Komponenten bei der umgekehrten kationischen Flotation und der umgekehrten anionischen Flotation von entkalkten Proben.

Wie Abb. 2.11 zeigt, nimmt der nicht aufgeschwemmte Quarz in der umgekehrten anionischen Flotation bei einer Partikelgröße von mehr als 210 µm stark zu. Daher ist der starke Abfall der Kurve für Oleat oberhalb von 66 % Fe (Abb. 2.12) auf die Schwierigkeit zurückzuführen, die Quarzpartikel mit einer Größe von mehr als 210 µm bei der anionischen Rückflotation zu entfernen. Nach Iwasaki (1983) und Nummela und Iwasaki (1986) nimmt die Effizienz der Quarzflotation bei einer

20

Partikelgröße von mehr als 75 μm sowohl bei der kationischen als auch bei der anionischen Flotation ab. Eine visuelle Analyse der von Vieira und Peres (2007) berichteten Ergebnisse zeigt, dass bei einem pH-Wert von 10 unter Verwendung von 60 g/t Ethermonoamin als Sammler die Flotationsausbeute von Quarzpartikeln von -74 bis +38 μm nahezu 100 % beträgt und bei Quarzpartikeln von -150 bis +74 μm auf ~50 % sinkt. Die Flotation von Quarz hört bei Quarzpartikeln von -297 bis +150 μm praktisch auf. Den Ergebnissen dieser Studie zufolge übertrifft Isononyletheramin im Bereich der groben Partikelgröße Oleat, wobei mehr grobe Quarzpartikel flotiert werden.

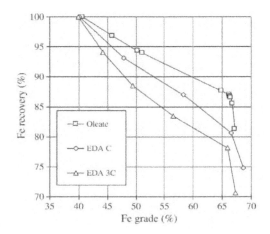

Abb. 2.12. Fe-Gewinnung in Abhängigkeit vom Fe-Gehalt bei Flotationsversuchen mit entkalkten Proben unter Verwendung von Natriumoleat, EDA C und EDA 3C als Sammler.

Es wurde festgestellt, dass das Vorhandensein von Schlämmen bei beiden Flotationsverfahren erhebliche nachteilige Auswirkungen hat. Stärke ist das universelle Depressionsmittel für Eisenoxide in der Eisenerzflotation (Araujo et al., 2005; Ma, 2008), das auch als Flockungsmittel für ultrafeine Partikel dient (Iwasaki et al., 1988; 1999). Es wurde festgestellt, dass der Verbrauch von Stärke ohne Entkalkung vor der Flotation deutlich ansteigt (Ma et al., 2011).

Bei der umgekehrten kationischen Flotation erwies sich die optimale Stärkedosierung bei entkalkten Proben, d. h. 1000 g/t Stärke, als unzureichend, um Hämatit zu verdrängen. Wenn die Stärkedosierung von 1000 g/t auf 1500 g/t erhöht wird, steigt der Konzentratgehalt von 45,19 % Fe auf 67,86 % Fe. Die Eisengewinnung verbessert sich ebenfalls erheblich, bleibt aber unter 60 %. Ein ähnlicher Trend wurde bei der umgekehrten anionischen Flotation beobachtet, allerdings ist der Verbrauch von Stärke noch höher als bei der umgekehrten kationischen Flotation (Tabelle 2.1).

Bei 1000 g/t Stärke sind die Gehalte des Konzentrats und des Einsatzmaterials praktisch gleich, was darauf hindeutet, dass keine Trennung zwischen Hämatit und Quarz stattfindet. Wenn die

21

Stärkedosierung von 1000 auf 2000 g/t ansteigt, ist eine gewisse Depression von Hämatit zu beobachten und die Selektivität der umgekehrten anionischen Flotation wurde deutlich verbessert. Die in dieser Arbeit verwendete Stärkedosierung wurde aus wirtschaftlichen Gründen auf ≤2000 g/t festgelegt. (Tabelle 2.1).

Tabelle 2.1: Wirkung der Stärkedosierung auf die umgekehrte kationische und anionische Flotation (ohne Entkalkung vor der Flotation).

Umgekehrte kationische Flotation				Umgekehrte anionische Flotation		
Stärkedosierung (gr/t)	Parameter	Fe (%)	SiO2 (%)	Stärkedosierung (gr/t)	Fe (%)	SiO2 (%)
	Klasse	45.19	34.52		40.06	40.97
1000	Erholung	38.85	28.98	1000	97.63	96.55
	Klasse	66.11	5.18		44.45	36.24
1250	Erholung	54.81	4.4	1500	61.6	52.99
	Klasse	67.86	2.64	Ω∩∩∩	55.79	18.55
1500	Erholung	50.35	1.99	2000	72.36	23.65

Abb. 2.13 vergleicht die Flotationsleistung der umgekehrten anionischen Flotation und der umgekehrten kationischen Flotation (Ma et al., 2011).

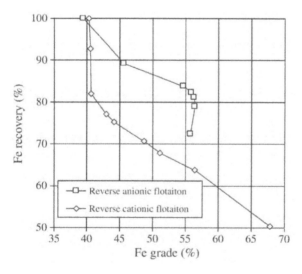

Abb. 2.13. Fe-Rückgewinnung in Abhängigkeit vom Fe-Gehalt bei der anionischen Umkehrflotation und der kationischen Umkehrflotation ohne Entkalkung.

Die Kurven für die Ausbeute in Abb. 2.13 zeigen, dass bei gleichem Konzentratgehalt die Ausbeute an Eisen bei der umgekehrten anionischen Flotation fast 18 % höher ist als bei der umgekehrten kationischen Flotation. Im weiteren Verlauf des anionischen Flotationstests beginnt Hämatit jedoch aufzuschwimmen und zu schäumen, was auf eine unzureichende Depression des Eisenminerals hinweist.

Der höhere Konzentratgehalt, der bei der umgekehrten kationischen Flotation der Probe ohne Entschleimung erzielt wurde, scheint mit dem Eintrag von ultrafeinen Partikeln zusammenzuhängen. Wie an der entschleimten Probe gezeigt wurde, ist das Entrainment von ultrafeinen Partikeln in den Schaum bei der umgekehrten kationischen Flotation deutlich höher als bei der umgekehrten anionischen Flotation. Bei der umgekehrten kationischen Flotation ohne Entkalkung wurde festgestellt, dass die Schlämme in den ersten Minuten in den Schaum gelangen, so dass der Rest des Flotationsprozesses kaum durch die Schlämme beeinflusst wird.

Houot (1983) berichtete zwar, dass eine Entkalkung vor der Flotation bei der umgekehrten anionischen Flotation wegen der relativ hohen Toleranz gegenüber Schlamm nicht erforderlich ist, doch wurde diese Behauptung bisher nicht durch experimentelle Beweise bestätigt. Die erfolgreiche Anwendung der umgekehrten anionischen Flotation ohne Entkalkung vor der Flotation in der chinesischen Eisenerzindustrie scheint die Behauptung von Houot zu bestätigen. Eine umfassende Studie über die Praxis in China ergab jedoch, dass das Flotationsmaterial durch mehr als eine Stufe der Magnetabscheidung aufbereitet wird, was als selektive Entkalkungsmethode angesehen werden könnte.

In der Literatur wird die Bedeutung elektrostatischer Wechselwirkungen zwischen Mineralpartikeln für die Flotation mit ultrafeinen Partikeln allgemein anerkannt (Meech, 1981; Pindred und Meech, 1984; Cristoveanu und Meech, 1985). Ein allgemein anerkannter negativer Effekt von Schlämmen bei der Eisenerzflotation ist die Heterokoagulation von ultrafeinen Quarzpartikeln mit gröberen Hämatitpartikeln und die Heterokoagulation von ultrafeinen Hämatitpartikeln mit gröberen Quarzpartikeln (Fuerstenau et al., 1958; Usui, 1972). Eine solche Heterokoagulation verschleiert die Oberflächeneigenschaften der gröberen Partikel und verringert die selektive Adsorption von Stärke erheblich.

Vor der Zugabe von Stärke zum Flotationsbrei dürften die abstoßenden elektrostatischen Kräfte zwischen den negativ geladenen Quarz- und Hämatitteilchen bei der umgekehrten anionischen Flotation stärker sein als bei der umgekehrten kationischen Flotation. Infolgedessen ist zu erwarten, dass die Heterokoagulation von ultrafeinen Quarz/Hämatit-Teilchen zu gröberen Hämatit/Quarz-Teilchen bei der umgekehrten kationischen Flotation stärker ausgeprägt ist. Wie bereits erwähnt, könnte dies die Selektivität der Stärkeadsorption verringern und zu der geringeren Selektivität der umgekehrten kationischen Flotation in Gegenwart ultrafeiner Partikel beitragen. Nach der Zugabe von Kalk zum Flotationsbrei kehrt sich die Oberflächenladung des Quarzes von negativ zu positiv um, um die Adsorption von Fettsäuren zu ermöglichen. Die Zugabe von Kalk kann zur Koagulation der Quarzpartikel führen. In diesem Stadium sind die Stärkemoleküle jedoch bereits chemisch an den

Hämatitoberflächen adsorbiert, so dass die durch Kalk verursachte Koagulation die selektive Adsorption von Stärke bei der umgekehrten anionischen Flotation nicht beeinträchtigen kann.

Kapitel 3

Kationische Flotation

3.1. Kationische Kollektoren

Amine sind kationische Sammler, d. h. sie nehmen in wässriger Lösung eine positive Ladung an, was sie anfällig für Reaktionen mit negativ geladenen mineralischen Oberflächen in derselben Umgebung macht. Aminsammler können anhand der Anzahl der Kohlenwasserstoffreste, die mit der Stickstoffgruppe verbunden sind, klassifiziert werden (Abb. 3.1): primäre (d. h. solche mit nur einer Kohlenwasserstoffgruppe, die mit zwei Wasserstoffatomen vorhanden ist), sekundäre, tertiäre und quaternäre (der vierte Wasserstoff kann auch durch eine Kohlenwasserstoffgruppe ersetzt werden, wodurch eine quaternäre Ammoniumbasenverbindung entsteht).

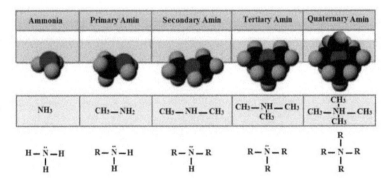

Abb. 3.1. Primäre, sekundäre, tertiäre und quaternäre Amine.

Amine können auch in vier Gruppen eingeteilt werden, je nach der Methode, mit der sie gewonnen wurden, und der Länge des Kohlenwasserstoffrestes (Tabelle 3.1). Es ist bekannt, dass eine Zunahme der Alkylkette eines bestimmten Sammlers die Flotierbarkeit verbessert und die für die Flotation erforderliche Schwellenkonzentration verringert (Rao, 2004).

Eine weitere Klassifizierung der Amine umfasst Alkylamine (R-NH2), Arylamine und Alkylarylamine, je nachdem, ob das Stickstoffatom an ein Kohlenstoffatom einer Kette oder an ein Kohlenstoffatom einer zyklischen Struktur oder an beide gebunden ist.

Handelsübliche Fettamine sind normale aliphatische Amine mit einer langen Alkylgruppe von 8-22 Kohlenstoffatomen. Sie sind das Produkt der Ammonolyse von natürlichen Fetten. Wie die Fettsäuren haben auch die Amine eine unverzweigte Kohlenstoffkette. Fettamine werden aus Fettsäuren durch Umwandlung der Säuren in Nitrate und anschließende katalytische Hydrierung der Nitrile zu Aminen gewonnen (Bulatovic, 2007).

Tabelle 3.1: Repräsentative Gruppen von Aminsammlern

Group	Structure	R
Fatty amine	R- CH₂ - NH₂	C8-C22
Fatty diamine	H | R-N-C-C-C-NH₂	C12-C24
Ether amine	R-O-C-C-C-NH2	C6-C13
Ether diamine	R-O-C-C-C-N-C-C-C-NH2	C8-C13
Condensates	H H H | | | R-C-N-C-C-N-C-C-N-C-R ‖ ‖ O O	C18

Das Vorhandensein der zusätzlichen hydrophilen Gruppe verbessert die Löslichkeit des Reagens, was seinen Zugang zu den Fest-Flüssig- und Flüssig-Flüssig-Gas-Grenzflächen erleichtert, die Elastizität des Flüssigkeitsfilms um die Blasen erhöht und sich auch auf das Dipolmoment des polaren Kopfes auswirkt, was die di-elektrische Hauptrelaxationszeit (Zeit für die Neuorientierung der Dipole) verringert. Diese Eigenschaft ist für die Schaumbildung des Amins von Bedeutung. Der Schaumbildner wirkt sich auf die Adhäsionskinetik der Teilchenblasen aus, so dass die Relaxationszeit länger ist als die Kontaktzeit. Unter diesen Bedingungen ist die Kollisionszeit länger als die Zeit, die für das Ausdünnen und Zerreißen der die Blase umgebenden Lamelle erforderlich ist (Araujo et al. 2005).

Primäre Fettamine, die in frühen Phasen der industriellen Umkehrflotation von Eisenerzen verwendet wurden, werden nicht mehr eingesetzt (Smith et al., 1973; Montes-Sotomayor et al., 1998). Später, mit der Einfügung der polaren Gruppe - O- (CH₂)₃ zwischen dem Kohlenwasserstoffradikal und der polaren NH2-Kopfgruppe, die zu N-Alkyloxypropylamin (R- O - (CH₂)₃ - NH2) führt, die als Etheramine bekannt sind (Houot, 1983; Papini et al., 2001; Filippov et al., 2010; Lima et al., 2013).

Die Etheramine sind besser wasserlöslich als Fettamine, haben aber ein geringeres Sammelvermögen. Ein erneuter Kontakt des Etheramins mit Acrylnitril würde zu Etherdiaminen führen, die in der Regel flüssig sind.

3.2. Umgekehrte kationische Flotation

Das Verfahren der umgekehrten kationischen Flotation wird in der Eisenerzindustrie häufig eingesetzt. Die Flotation von Quarz, Silikaten und Glimmer wird häufig mit kationischen Sammlern durchgeführt. Die umgekehrte kationische Flotation von Quarz ist sehr effektiv für die Aufbereitung von Eisenerzen, um hochgradige Eisenerzkonzentrate zu erzeugen. Bei diesem Verfahren wird Quarz als Hauptgangmineral mit kationischen Sammlern flotiert. Eisenminerale werden im Allgemeinen mit Depressionsmitteln wie Stärke, Dextrin und Huminsäure abgeschwächt.

Papini et al. (2001) führten eine große Anzahl von Flotationsversuchen im Labormaßstab für ein Eisenerz aus dem Eisenviereck, Brasilien, durch. Es wurden verschiedene kationische Sammler ausgewählt: Fettmonoamin, Fettdiamin, Ethermonoamin, Etherdiamin, Kondensat und Kerosin in Kombination mit Amin. Fettamine und Kondensate ergaben Konzentrate mit sehr hohen Kieselsäuregehalten. Für das untersuchte Erz erwiesen sich die Ethermonoamine entgegen der Erwartung, dass das Vorhandensein einer zweiten polaren Gruppe das Sammelvermögen verstärken würde, als effizientere Sammler als die Etherdiamine. Andererseits waren Diamine bei der gleichen Erzart wirksamer als Monoamine, wenn sie in Verbindung mit Kerosin eingesetzt wurden. Das Mischen von Di-Aminen und Mono-Aminen ist eine übliche Praxis in einem großen Konzentrator. Um niedrige Siliziumdioxidgehalte im Konzentrat zu erreichen, ist der Anteil an Diaminen größer, wenn Konzentrate mit Spezifikationen für die Direktreduktion hergestellt werden.

Die Verbindung von Etheramin und "Dieselöl" wurde ebenfalls in der betrieblichen Praxis eingesetzt. Dieses Produkt ähnelt dem Heizöl ASTM #5, das in der Phosphatflotation in Florida häufig eingesetzt wird (Araujo et al., 2005). Der Schlüssel zum Erfolg dieser Technik liegt in der Emulgierung der Ölphase in der Aminlösung (Pereira, 2003). Der Ölanteil in der Kollektormischung beträgt etwa 20 %. Es wird behauptet, dass eine Reduzierung des Aminverbrauchs erreicht wird, ohne die metallurgische Gewinnung zu beeinflussen (Araujo und Souza, 1997). Das Abwasser aus dem Absetzteich eines Konzentrators, der über ein Jahr lang mit Dieselöl betrieben worden war, wurde analysiert. Es wurden keine nachteiligen Auswirkungen auf die Testarten festgestellt. Die Eigenschaften des Abwassers ähneln denen, die vor dem Einsatz von Diesel beobachtet wurden (Araujo et al. 2005).

Decyletheramin ist der Hauptkollektor für Quarz, und Stärke ist der Depressor für die Eisenminerale in der umgekehrten kationischen Flotation, bis zu einem pH-Wert von >9 (Wang und Ren, 2005). Das Vorhandensein von molekularem Amin in Lösung ist für die Hämatitflotation nachteilig. Stärke wird spezifisch an beide Mineralien adsorbiert (mehr an Quarz als an Hämatit). In Abhängigkeit von der Kollektorkonzentration und dem pH-Wert (konkurrierende Adsorption) desorbiert die an Quarz adsorbierte Stärke jedoch in alkalischem Medium in Gegenwart von Alkylammoniumsalz (Montes Sotomayor et al., 1998; Wang und Ren, 2005). Im Gong-Chang-Ling-Konzentrator wurde Dodecylamin als Sammler für die Flotation von Silikaten aus Magnetitkonzentrat verwendet. Der Eisengehalt des Eisenkonzentrats erreichte 68,85 % Gesamt-Fe, und der SiO_2-Gehalt wurde bei der optimalen Flotationstemperatur zwischen 20 °C und 25 °C von 8 % auf 3,62 % reduziert (Ping, 2002).

Bei der Verwendung von Dodecylamin gibt es Probleme wie schlechte Selektivität, kohäsive Blasen und geringere Abscheidefähigkeit bei niedrigen Temperaturen. In jüngster Zeit haben quaternäre Ammonium-Tenside aufgrund ihrer hohen Solubilisierungskapazität, signifikanten Selektivität und Sammelbarkeit für Quarz gegen Eisenerze viel Aufmerksamkeit auf sich gezogen (Chen et al., 1991; Wang und Ren, 2005; Weng et al., 2013). Im Vergleich zu Dodecylamin haben quartäre Ammonium-Tenside mit Esterfunktion und Kohlenwasserstoffschwänzen (M-302) eine bessere Sammelkapazität und Selektivität bei Quarzpartikeln gezeigt (Weng et al., 2013).

Wang und Ren (2005) fanden einen neuen kationischen Sammler mit besserer Selektivität und Sammelbarkeit als Alkylamin, um die Selektivitätsflotation von Siliziumdioxid aus Eisenerz mit einem kombinierten quaternären Ammoniumsalz zu vervollständigen. Sie zeigten, dass CS-22 (Dodecyldimethylbenzylammoniumchlorid und Dodecyltrimethylammoniumchlorid wurden im Verhältnis 2:1 gemischt) ein geeigneter Kollektor für die Flotation von Quarz aus Magnetit und Spekularit ist als Dodecylaminchlorid und Cetyltrimethylammoniumbromid. Abb. 3.2 zeigt die Flotationsergebnisse für reine Mineralien.

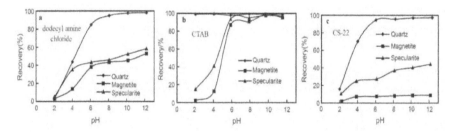

Abb. 3.2. Wiederfindung in Abhängigkeit vom pH-Wert bei der Flotation reiner Mineralien unter Verwendung von (a) Dodecylaminchlorid, (b) Cetyltrimethylammoniumbromid und (c) CS-22 mit einer Konzentration von 1*10-5 M

Dodecylaminchlorid zeigt die gleiche Selektivität für die Flotationstrennung von Quarz von Magnetit und Spekularit im pH-Bereich von 6-12, und die Ausbeute an Magnetit und Spekularit liegt bei knapp 40-60 %, die Ausbeute an Quarz bei über 85 % (Abb. 3.2.a). Cetyltrimethylammoniumbromid zeigt eine höhere Selektivität als Dodecylaminchlorid und CS-22 (Abb. 3.2.c) für die Flotation von Quarz aus Magnetit und Spekularit im pH-Bereich von 2-5, aber da die Gewinnung dieser drei Minerale nahe bei 95% liegt, gibt es keine Selektivität bei einem pH >5 (Abb. 3.2.b).

Die Ergebnisse in Abb. 3.2 zeigen, dass der neue kombinierte Sammler CS-22 die gleiche Leistung wie Dodecylaminchlorid für die Flotation von drei Mineralien hat, aber CS-22 zeigt eine bessere Selektivität als Dodecylaminchlorid im pH-Bereich von 6-12. Die Rückgewinnung von Magnetit und Spekularit liegt unter 10 % bzw. 40 % und die Rückgewinnung von Quarz liegt bei etwa 95 % im pH-Bereich von 6-12.

28

Um Quarz aus Magnetit und Spekularit in der natürlichen pH=6-7 zu entfernen, hat CS-22 mehr Vorteile gegenüber Dodecylaminchlorid und Cetyltrimethylammoniumbromid sowohl in Selektivität und collectability. So CS-22 ist ein geeigneter Sammler für die Auslassung von Quarz aus Magnetit und Spekularit, um die umgekehrte kationische Flotation von Eisenerz zu erfüllen.CS-22 bevorzugt auf der Oberfläche von Quarz adsorbiert werden, ändert seine Zeta-Potenziale und Kontaktwinkel, und erhöht seine Hydrophobie. Die Ergebnisse der FTIR zeigen, dass CS-22 auf der Quarzoberfläche durch physikalische Adsorption adsorbiert wird, da keine neuen Produkte gebildet werden.

Weng et al. (2013) schlugen ein neuartiges esterhaltiges quaternäres Ammonium-Tensid (M-302) vor, nachdem sie Untersuchungen zur kationischen Rückflotation von Silikaten aus chinesischen Magnetit-Erzen durchgeführt hatten. M-302 wurde durch eine Reaktion zwischen Adipinsäure und N-(2,3-Epoxypropyl)-Dodecyldimethylammoniumchlorid synthetisiert; letzteres wurde aus Dodecyldimethylammonium und Epichlorhydrin hergestellt. Im Vergleich zu Dodecylaminhydrochlorid liegen die Hauptvorteile von M-302 in seiner stärkeren Sammelleistung, seiner höheren Oberflächenaktivität, seiner niedrigeren kritischen Mizellenkonzentration, seiner höheren Solubilisierungskapazität und seiner höheren Schaumstabilität während der Flotation. Die Wirkung der Kollektorkonzentration von M-302 wurde anhand des Flotationsverhaltens von Magnetit in Abhängigkeit von der Dosierung des Depressionsmittels, der Temperatur und des pH-Werts der Pulpe untersucht, um das Sammelvermögen mit Dodecylaminchlorid zu vergleichen. Die Ergebnisse zeigen, dass M-302 eine stärkere Sammelleistung als Dodecylaminchlorid aufweist.

Diese Studie ergab, dass die Effizienz der Klassifizierung in Gegenwart von 0,159 mmol/L M-302 (0,271 mmol/L DDA-HCl) bei 300 g/t alkalischer Stärke, neutralem pH-Wert und 25 °C am höchsten war. Dies deutet darauf hin, dass M-302 eine bessere Selektivität und stärkere Sammelfähigkeit für Silikate aufweist als DDA-HCl.

Die Ergebnisse zeigen, dass die Fe-Konzentratausbeute im Bereich von 5-35 °C etwa 70 % (ca. 61 %) betrug, wenn M-302 als Sammler verwendet wurde, wobei der Höchstwert von 72,45 % (61,52 %) bei 35 °C erreicht wurde. Bei Verwendung von DDA-HCl betrug die Fe-Konzentratausbeute jedoch nur weniger als 64 % (ca. 61 %). Mit Ausnahme der Temperatur bei 25 °C wurde das beste Ergebnis (70,85 % Fe-Konzentratausbeute, 60,9 % Gehalt) erzielt. Somit zeigt M-302 eine bessere Temperaturanpassungsfähigkeit in einem breiten Temperaturbereich als DDA-HCl. Auch die Messung des Zetapotenzials zeigt, dass M-302 bevorzugt an der Oberfläche von Quarz adsorbiert wird.

Es wurden auch Vergleichsexperimente (in einer Glassäule) zwischen M-302 und Dodecylaminchlorid hinsichtlich ihrer Schaumstabilität durchgeführt (Abb. 3.3).

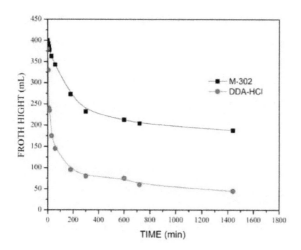

Abb. 3.3. Schaumkollapsrate in Abhängigkeit von der Zeit (unter der Bedingung, dass 0,159 mmol/L M-302 und 0,271 mmol/L DDA-HCl mit 300 g/t alkalischer Stärke, bei 25 °C)

Wie aus Abb. 17 ersichtlich ist, betrug das Volumen des von M-302 und DDA-HCl erzeugten Schaums zu Beginn 380 ml bzw. 400 ml. Der von Drop gebildete Schaum brach in der Folgezeit schneller zusammen als der von M-302. Nach 24 Stunden erreichten die Kurven der Schaumkollapsraten Gleichgewichtshöhen: Die verbleibende Schaummenge von DDA-HCl betrug 45 mL, während die verbleibende Schaummenge von M-302 188 mL betrug. Dies deutet darauf hin, dass die Schaumzerfallsrate von DDA-HCl schneller war als die von M-302, und dass der von DDA-HCl erzeugte Schaum feiner und brüchiger ist.

Gemini-Tenside sind eine besondere Klasse von Tensiden, die zwei hydrophile Kopfgruppen und zwei hydrophobe Schwänze enthalten, die kovalent durch einen Spacer verbunden sind (Menger und Littau, 1991; Zana, 2002). Aufgrund ihrer einzigartigen Eigenschaften, die denen von monomeren Tensiden überlegen sind, gewinnen diese Tenside zunehmend an Aufmerksamkeit. Da diese Tenside niedrige CMC-Werte aufweisen, sind sie oberflächenaktiver, haben eine bessere Solubilisierungsfähigkeit, eine stärkere biologische Aktivität und eine bessere Benetzung und Schaumbildung als herkömmliche monomere Tenside (Devinsky et al., 1986; Goracci et al., 2007; Wei et al., 2011). Daher können Gemini-Tenside in der Industrie vielseitiger als Emulgatoren und Dispergiermittel in Reinigungsmitteln, Kosmetika, Körperpflegeprodukten, Beschichtungen und Farbformulierungen eingesetzt werden (Chen et al., 2008). Gemini-Tenside sind in jüngster Zeit auch als Modifizierungsmittel für die Herstellung von Organo-Ton und als neuartige Gentransfektionsmittel aufgrund ihrer überlegenen oberflächenaktiven Eigenschaften und DNA-Bindungsfähigkeiten interessant geworden (Wang et al., 2013; Xue et al., 2013). Gemini als Kollektormittel für die Eisenerzflotation wurden bisher nur sehr wenig untersucht (Thella et al., 2012;

Weng et al., 2013). Es ist erwähnenswert, dass sich ihre Studien auf ein kurzes Flotationsverhalten von Eisenerz unter Verwendung eines Gemini-Tensids beschränkten. Es wurden keine ernsthaften Anstrengungen unternommen, um den Adsorptionsmechanismus des Gemini-Tensids an den Flüssigkeits-/Gas- und Flüssigkeits-/Feststoff-Grenzflächen und seinen Einfluss auf die Flotationsleistung herauszufinden (Huang et al., 2014).

Huang et al. (2014) führten ein Gemini-Tensid, Ethan-1,2-bis(dimethyl-dodecyl- ammoniumbromid) (EBAB), als Sammler für die Trennung von Quarz und Magnetit durch kationische Umkehrflotation ein.

Die Flotationsergebnisse zeigten, dass EBAB ein stärkeres Sammelvermögen als das herkömmliche monomere Tensid Dodecylammoniumchlorid (DAC) und eine höhere Selektivität für Quarz gegenüber Magnetit aufweist.

Das Gemini-Tensid Ethan-1,2-bis(dimethyl-dodecul-ammoniumbromid) (EBAB) als Sammler wurde unter Verwendung von N,N,N',N'-Tetramethylethylendiamin mit 1-Bromdodecan synthetisiert. Abbildung 3.4 zeigt die chemischen Strukturen des Gemini-Tensids EBAB und des herkömmlichen monomeren Tensids DAC.

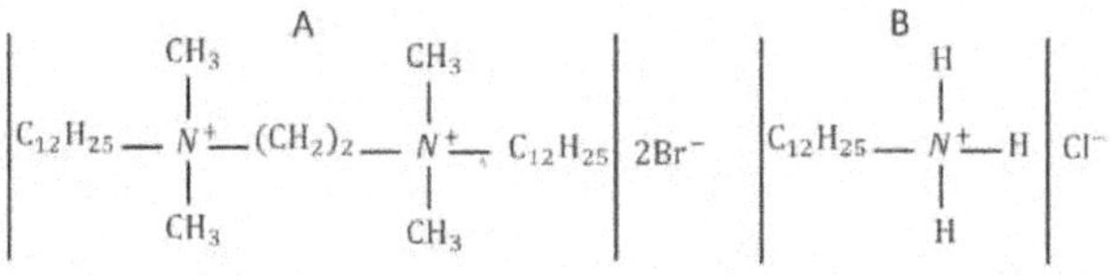

Abb. 3.4. Chemische Strukturen der Gemini-Tenside EBAB (a) und DAC (b) (Huang et al., 2014).

Fig. 3.5 zeigte die Auswirkung von pH-Werten auf die Flotierbarkeit von Quarz und Magnetit unter Verwendung der genannten Sammler (CC = 2,5 * 10^{-5} mol/L). Mit steigendem pH-Wert nahm die Flotationsausbeute von Quarz allmählich zu, sank jedoch bei einem pH-Wert > 10, wenn DAC eingesetzt wurde. Bei EBAB hingegen stieg die Quarzausbeute mit zunehmendem pH-Wert an und blieb auch bei pH-Werten über 12 bei >90 %. Bei einem natürlichen pH-Wert von 6,56 betrug die Flotationsausbeute von Quarz 93,03 % bzw. 77,46 % bei Verwendung von EBAB- bzw. DAC-Kollektoren. Der geeignete pH-Bereich für die Quarzflotation war 6-12 für EBAB und 6-10 für DAC. Es war klar, dass die Sammelfähigkeit von EBAB stärker war als die von DAC, insbesondere unter stark alkalischen Bedingungen. Bei der Flotation von Magnetit zeigten die beiden Kollektoren ein schwaches Sammelvermögen, da die Rückgewinnung von Magnetit bei pH-Werten von 2-12 nicht mehr als 10 % betrug. Bei Verwendung des EBAB- oder DAC-Kollektors lag die Flotationsausbeute von Magnetit bei einem natürlichen pH-Wert von 6,84 bei 7,32 % bzw. 3,61 %. Daher lagen die geeigneten pH-Werte für die Flotationstrennung von Quarz von Magnetit bei 6-10.

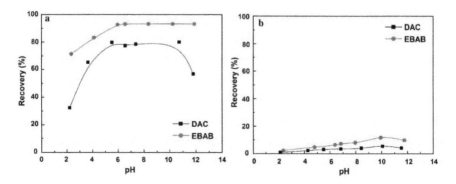

Abb. 3.5. Rückgewinnung von Quarz (a) und Magnetit (b) in Abhängigkeit vom pH-Wert unter Verwendung von EBAB oder DAC als Sammler (CC = 2,5 * 10⁻⁵ mol/L).

Das Zeta-Potenzial von Quarz und Magnetit als Funktion des pH-Werts in Abwesenheit und Anwesenheit von 2,5 * 10*5 mol/L EBAB ist in Abb. 3.6 dargestellt. Das Zeta-Potenzial von Quarz und Magnetit betrug 2,00 bzw. 5,83, was mit früheren Berichten übereinstimmt (Yuhua und Jianwei, 2005; Filippov et al., 2010). Das Zetapotenzial von Quarz und Magnetit zeigte in Gegenwart von EBAB eine deutliche Verschiebung hin zu positiveren Zetapotenzialen, was darauf hindeutet, dass die kationischen Gemini-Moleküle durch elektrostatische Kraft an Quarz und Magnetit adsorbiert wurden. Darüber hinaus war die Zunahme des Zetapotenzials von Quarz nach der Wechselwirkung mit EBAB viel größer als die von Magnetit, was zeigt, dass EBAB bevorzugt an Quarzoberflächen adsorbiert wurde. Die Ergebnisse des Zetapotenzials zeigten, dass EBAB auf Quarz und Magnetit hauptsächlich durch elektrostatische Anziehung adsorbiert wurde, was mit den Ergebnissen der FTIR-Spektren übereinstimmte (Huang et al., 2014).

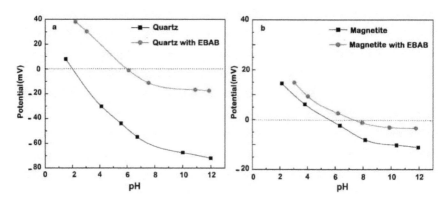

Abb. 3.6. Das Zetapotenzial von Quarz und Magnetit in Abhängigkeit vom pH-Wert in Abwesenheit und Anwesenheit von EBAB

Nach dem von Somasundaran und Fuerstenau (1966) vorgeschlagenen "Vier-Regionen-Modell" könnte die Messung des Zetapotenzials das Adsorptionsverhalten von Tensiden an der Feststoff/Wasser-Grenzfläche charakterisieren. Um den Mechanismus zu erklären, der für die Adsorption des Gemini-Tensids EBAB an der Luft/Wasser-Grenzfläche und der Quarz/Wasser-Grenzfläche verantwortlich ist, wurde die Abhängigkeit der Flotationsausbeute, des Zetapotenzials und der Oberflächenspannung der EBAB-Lösung in Abb. 3.7 dargestellt. Außerdem wurde in dieser Abbildung das schematische Modell des adsorbierten EBAB-Tensids in den vier Konzentrationsbereichen vorgeschlagen (Huang et al., 2014).

Aus dieser Abbildung ist ersichtlich, dass die Veränderungen der Flotationsausbeute, des Zetapotenzials und der Oberflächenspannung mit zunehmender Schüttgutkonzentration in vier Stufen für EBAB-Lösung unterteilt werden können.

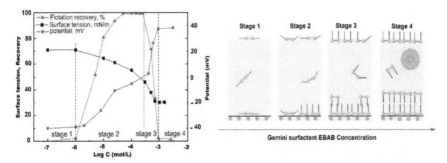

Abb. 3.7. Abhängigkeit der Flotationsausbeute, des Zetapotenzials und der Oberflächenspannung der EBAB-Lösung von log C (linke Seite) und schematisches Modell der Adsorption des Gemini-Tensids EBAB an der Grenzfläche Luft/Wasser und Quarz/Wasser (rechte Seite).

Stufe 1: Die EBAB-Konzentration war zu niedrig, um Adsorptionsfilme sowohl an der Luft/Wasser- als auch an der Quarz/Wasser-Grenzfläche zu bilden; daher blieben die Flotationsausbeute, das Zeta-Potenzial und die Oberflächenspannung bis $1 * 10^{-6}$ mol/L nahezu unverändert.

In der Zwischenzeit wurden EBAB-Moleküle elektrostatisch an der Quarzoberfläche adsorbiert, wobei die positiven Kopfgruppen in Kontakt mit der negativen Quarzoberfläche standen. Um den Kontakt mit Wasser zu minimieren, könnten die Kohlenwasserstoff-Schwanzgruppen flach auf der Quarzoberfläche liegen.

Stufe 2: Die ungesättigten Adsorptionsfilme begannen sich durch EBAB-Moleküle sowohl an der Luft/Wasser- als auch an der Quarz/Wasser-Grenzfläche zu bilden, und die Oberflächenspannung wurde immer geringer, während das Zetapotenzial mit steigender Konzentration immer positiver wurde. Die EBAB-Moleküle könnten sich an der Luft/Wasser-Grenzfläche ausrichten, wobei die Kopfgruppen in das Wasser eintauchen und die Kohlenwasserstoff-Schwanzgruppen in einem von

33

der EBAB-Konzentration abhängigen Winkel in die Luft ragen. An der Quarz/Wasser-Grenzfläche könnten EBAB-Moleküle mit positiven Kopfgruppen, die der negativen Quarzoberfläche zugewandt sind, adsorbiert werden, während die Kohlenwasserstoff-Schwanzgruppen in das Wasser ragen. Interessant war auch die Feststellung, dass die Adsorption kationischer EBAB-Moleküle die Quarzoberfläche hydrophober macht und die Flotationsgewinne von Quarz erhöht. Hier, in Stufe 2, war das Zetapotenzial immer noch negativ und die Adsorption erfolgte mit den EBAB-Kopfgruppen, die zur Quarzoberfläche hin ausgerichtet waren.

Stufe 3: Der erste gesättigte Adsorptionsfilm hat sich an der Quarz/Wasser-Grenzfläche gebildet, und das Zetapotenzial kehrte sich oberhalb einer EBAB-Konzentration von $4{,}2 *10^{-4}$ mol/L von negativ zu positiv um, wobei sich das Potenzial in der Stern-Schicht nun gegen weitere Adsorption verhielt. Dann waren die Londoner Dispersionskräfte zwischen den hydrophoben Ketten die treibende Kraft für eine weitere Adsorption. Außerdem bewirkte die elektrostatische Abstoßung nun, dass sich die adsorbierten EBAB-Ionen umgekehrt orientierten und ihre Kopfgruppen zur Lösungsphase hin zeigten, wodurch die Hydrophobie der Quarzoberfläche und die Flotationsausbeute von Quarz verringert wurden. Gleichzeitig werden EBAB-Moleküle kontinuierlich an der Luft/Wasser-Grenzfläche adsorbiert, und die Oberflächenspannung nimmt entsprechend ab.

Stufe 4: Die EBAB-Konzentration erreichte ihre CMC (ca. 10^{-3} mol/L), die Morphologie der Quarzoberfläche sollte eine vollständig ausgebildete Doppelschicht und ein Sättigungsgrad der Oberflächenbedeckung sein, so dass weitere Erhöhungen der EBAB-Konzentration nicht zu einem weiteren Anstieg des Zetapotenzials führten (Atkin et al., 2003). Da die Quarzoberfläche hydrophil wurde, erreichte die Flotationsausbeute von Quarz ein Minimum und blieb fast unverändert bei Null.

Die Anwendung von ionischen Flüssigkeiten als neuartige Quarzsammler (Aliquat-336 und TOMAS) in der Schaumflotation wurde von Sahoo et al. (2015) untersucht. Aliquat-336 und TOMAS sind ionische Flüssigkeiten auf Basis von quaternärem Ammonium, bei denen der Ammoniumkopf für die elektrostatische Anlagerung an die Quarzoberfläche verantwortlich ist und die sperrigen Alkylgruppen die Hydrophobie bewirken (Sahoo et al., 2015). Ionische Flüssigkeiten bestehen in der Regel aus ionischen Spezies und bleiben bei Temperaturen nahe 100 °C oder sogar darunter ausschließlich flüssig. Aufgrund des Vorhandenseins von sperrigen Gruppen haben diese Verbindungen eine geringe Flüchtigkeit. Ionische Flüssigkeiten sind als ionische Spezies auch bei Raumtemperatur leichter zu handhaben als geschmolzene Salze, die erst bei höheren Temperaturen ionisiert werden. Sie werden im Allgemeinen als Phasentransferkatalysatoren in der organischen Synthese und als Lösungsmittelextraktionsmittel verwendet, die die herkömmlichen organischen Lösungsmittel ersetzen. Aufgabenspezifische ionische Flüssigkeiten können durch verschiedene Kombinationen von Anionen und Kationen entwickelt werden. Ionische Flüssigkeiten können herkömmliche organische Lösungsmittel ersetzen, da sie einen niedrigen Dampfdruck, einen großen Temperaturbereich sowie eine hohe thermische und chemische Stabilität aufweisen (Neves et al., 2014; Ferreiraa et al., 2014; Yousfi et al., 2014; Lia et al., 2014). Sahoo et al. (2015) untersuchten die Anwendung von ionischen Flüssigkeiten auf Basis von quaternärem Ammonium als Flotationskollektoren für Quarz. Außerdem wurde die Auswirkung der Anzahl der Kohlenstoffatome in den vier identischen Alkylketten der ILs untersucht. Im Vergleich zu herkömmlichen Sammlern wie Dodecylamin (DDA) oder Cetyltrimethylammoniumbromid (CTAB) sind die Flotationsergebnisse von reinem Quarz unter Verwendung ionischer Flüssigkeiten besser Diese ionischen Flüssigkeiten mit kationischen quaternären Ammoniumgruppen werden im Allgemeinen bei der Extraktion von Schwermetallen, als Katalysatoren, als Lösungsmittel in der organischen Synthese und als oberflächenaktive Mittel verwendet.

Zur Verbesserung der metallurgischen Ergebnisse bei der kationischen Flotation von Silikaten, einschließlich eisenhaltiger Silikate, wurde die Verwendung von Gemischen vorgeschlagen, die kationische und anionische Sammler und auch solche mit nichtionischen Tensiden enthalten. Dies kann zu einer höheren Selektivität und Ausbeute bei der Flotation im Vergleich zu jedem einzelnen Reagenz sowie zu einer erheblichen Verringerung des Aminverbrauchs führen (Filippov et al., 2014). Vidyadhar et al. (2012) untersuchten den Adsorptionsmechanismus von gemischten kationischen C12-Aminen und anionischen Sulfat/Oleat-Sammlern auf Quarz und Hämatit mittels Hallimond-Flotationsstudien. Abb. 3.8 zeigt das Flotationsverhalten von Quarz und Hämatit als Funktion der kationischen und anionischen Kollektorkonzentration bei neutralem pH-Wert (6,0 bis 6,3) (Fuerstenau et al., 1964; Vidyadhar et al. 2002).

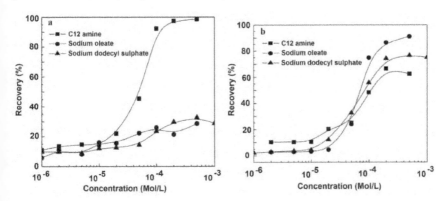

Abb. 3.8. Flotationsausbeute von Quarz (a) und Hämatit (b) als Funktion der Kollektorkonzentration bei neutralem pH-Wert.

Das Flotationsverhalten von Quarz und Hämatit in Abhängigkeit vom pH-Wert ist in Abb. 3.9 dargestellt. Die Flotationsausbeute von Quarz beträgt fast 90 % mit $1*10^{-4}$ M C12-Amin, darüber

35

werden 100 % Ausbeute erreicht. Bei anionischen Sammlern wird Quarz jedoch im neutralen pH-Bereich nicht flotiert, und selbst bei höheren Konzentrationen wird eine maximale Rückgewinnung von etwa 25 % erreicht. Sowohl bei kationischen als auch bei anionischen Sammlern steigt die Flotationsausbeute von Hämatit im Allgemeinen mit zunehmender Konzentration (Abb. 3.9b). Die Flotationsausbeute von Hämatit beträgt etwa 75 % bei $1*10^{-4}$ M Natriumoleat, während die beobachtete Ausbeute bei C12-Amin und Natriumdodecylsulfat etwa 40-50 % beträgt, wobei der Status in der Konzentrationsstufe beibehalten wird, und die maximale Flotationsausbeute von 90 % bei $5*10^{-4}$ M Natriumoleatkonzentration erreicht wird.

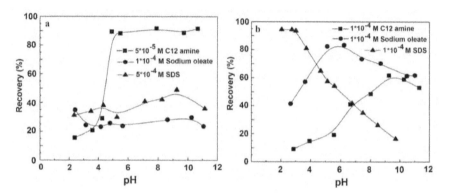

Abb. 3.9. Flotationsausbeute von Quarz (a) und Hämatit (b) in Abhängigkeit vom pH-Wert bei fester Kollektorkonzentration.

Bei einer C12-Amin-Konzentration von $5*10^{-5}$ M beginnt der Anstieg der Quarzausbeute bei einem pH-Wert von etwa 3,5, über den hinaus im gesamten untersuchten pH-Bereich eine Flotationsausbeute von fast 90 % erreicht wird. Bei anionischen Sammlern ist die Flotationsreaktion von Quarz jedoch über den gesamten untersuchten pH-Bereich nicht signifikant, selbst bei höheren Konzentrationen von Oleat und Sulfat, und die maximale Ausbeute von etwa 45 % wird mit Natriumdodecylsulfat bei etwa pH 9,5 erreicht.

Die Flotationsergebnisse von Hämatit (Abbildung 3.9b) zeigen deutlich, dass die Flotationsausbeute mit kationischem C12-Amin-Kollektor mit steigendem pH-Wert bis etwa pH 9,5 zunimmt und danach geringfügig abnimmt. Eine maximale Ausbeute mit C12-Amin von etwa 60 % wird bei pH 9,5 erreicht. Die Flotationsausbeute mit anionischem Natriumoleat nimmt mit steigendem pH-Wert bis etwa 6,0 zu, danach nimmt die Ausbeute relativ stark ab. Die maximale Flotationsausbeute von 80 % wird bei einem pH-Wert von 6,0 mit Natriumoleat erreicht. Diese Ergebnisse zeigen, dass bei stark sauren pH-Werten zwischen 2 und 3 mit anionischem Natriumdodecylsulfat-Kollektor die Ausbeute mit steigendem pH-Wert beträchtlich abnimmt und eine maximale Flotationsausbeute von etwa 95 % erreicht wird.

Das Flotationsverhalten von Quarz und Hämatit bei steigender Natriumoleatkonzentration in Gegenwart verschiedener Aminkonzentrationen im neutralen pH-Bereich von 6,0 bis 6,3 ist in Abb. 3.10 dargestellt. Die Ergebnisse zeigen, dass die Anwesenheit von anionischem Natriumoleat die Flotationsausbeute erhöht, bis die Oleatkonzentration gleich der C12-Aminkonzentration ist und darüber hinaus ein Rückgang der Ausbeute zu beobachten ist.

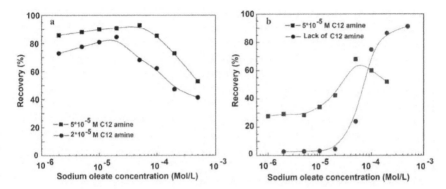

Abb. 3.10. **Flotationsausbeute von Quarz (a) und Hämatit (b) in Abhängigkeit von der Natriumoleatkonzentration in Gegenwart verschiedener Aminkonzentrationen bei neutralem pH-Wert.**

Die erhöhte Flotationsausbeute wird durch die Adsorption von C12-Amin durch die Anwesenheit von Oleat verursacht. Dies wird durch die Einfügung von Oleat zwischen zwei benachbarte Amin-Kopfgruppen an der Oberfläche erreicht, wodurch deren elektrostatische Abstoßung verdünnt und die Anziehungskraft der seitlichen Schwanz-Schwanz-Bindungen erhöht wird, was zu einer weiteren Adsorption von Alkylammonium-Ionen führt. Die Ergebnisse veranschaulichen die verstärkte Adsorption des kationischen Kollektors in Gegenwart des anionischen Kollektors, abgesehen von dessen eigener Co-Adsorption (Vidyadhar et al., 2012). Wenn die anionische Kollektorkonzentration über die C12-Amin-Konzentration hinausgeht, liegt die Vermutung nahe, dass das C12-Amin einen löslichen 1:2-Komplex mit Oleat/Präzipitat bildet, was zu einem Rückgang der Flotationserholung führt, da die Alkylgruppen dieser adsorbierten Spezies an der Oberfläche zufällig orientiert sind. Alternativ dazu führt der Entzug von weiterem C12-Amin für die Adsorption oder die Oberflächensättigung mit der Bildung von Monoschichten, der Anstieg der Oleatkonzentration zur Adsorption von Oleat in umgekehrter Ausrichtung, was Hydrophilie bedeutet, und damit zu einer Verringerung der Flotation.

Die Flotationsergebnisse sowohl von Quarz als auch von Hämatit zeigten eine erhöhte Adsorption des kationischen Kollektors in Gegenwart des anionischen Kollektors. Aufgrund des Rückgangs der elektrostatischen Kopf-Kopf-Abstoßung der benachbarten Alkylammonium-Oberfläche und der dadurch bedingten Zunahme der hydrophoben Schwanz-Schwanz-Bindungen erhöht die

Anwesenheit von Oleat die Adsorption von C12-Amin, abgesehen von seiner Co-Adsorption. Bei Erhöhung der Oleatkonzentration über die C12-Amin-Konzentration hinaus wird beobachtet, dass C12-Amin lösliche 1:2-Komplexe/Niederschläge bildet und die Adsorption dieser Spezies die Flotation verzögert, da die Alkylgruppen dieser adsorbierten Spezies an der Oberfläche zufällig orientiert sind.

Kapitel 4

Depressiva

4. 1. Beruhigungsmittel

Bei der Umkehrflotation werden Silikate aufgeschwemmt, nachdem das Eisenoxid durch geeignete Reagenzien wie Stärke, Dextrin und CMC verdrängt wurde. Die verdrängende Wirkung von Stärke ist auf die Beschichtung einer natürlichen hydrophoben Oberfläche mit geringer Energie mit einem hydrophilen Film zurückzuführen, der die Anlagerung von Luftblasen verhindert (Turrer und Peres, 2010). Die Stärkemoleküle drücken sowohl auf die Eisenoxid- als auch auf die Kieselerdeteilchen, aber aufgrund der großen Radikalgröße und der hohen elektrischen Negativität werden die Amine in Wasser ionisiert und reagieren mit den Kieselerdeteilchen vorzugsweise bei leicht alkalischem pH-Wert (Liu-yin et al., 2010). Stärke wird jedoch an Quarz adsorbiert und in alkalischem Medium in Gegenwart von Alkylammoniumsalzen bei geeigneter Kollektorkonzentration und pH-Wert desorbiert. Dies ist nicht der Fall bei Hämatit, bei dem die Abhängigkeit zwischen Stärke und Mineral stärker ist als bei Quarz. Bei der Flotation von Eisenerz wird Stärke eingesetzt, um die Oberfläche von Eisen, das Mineralien trägt, hydrophil zu machen, um die Selektivität der Flotation anderer Silikatminerale zu verbessern. Die depressive Wirkung von Stärke beruht auf ihrer starken Adsorption an der Mineraloberfläche (Abdel-Khalek et al., 2012). Liu-Yin et al. (2009) haben vorgeschlagen, dass die Wasserstoffbrückenbindung der zugrunde liegende Adsorptionsmechanismus für Stärke mit den Oxidmineralien ist, was auf das Vorhandensein der Hydroxylgruppe sowohl in Stärke als auch in Mineraloxiden zurückzuführen ist.

Verschiedene Stärken, die aus Mais, Tapioka, Reis, Kartoffeln, Mais und anderen gewonnen werden, wie Guarkernmehl, Akaziengummi und lösliche Stärke, werden in großem Umfang zur Verdrängung von Mineralien wie Hämatit und Diaspora verwendet (Turrer und Peres, 2010; Hai-pu et al., 2010; Kar et al., 2013).

Maisstärke wird beispielsweise in vielen Industriezweigen als Depressionsmittel für eisenhaltige Mineralien verwendet. In Brasilien spielt diese Stärke eine zentrale Rolle bei der Flotation von Eisenerz, Silvinit, Kupfersulfid usw. (Peres und Correa, 1996). In ähnlicher Weise wurde eine Reihe von Studien zur selektiven Flockung von mineralischen Feinstoffen wie Bauxit, Kohle, Phosphat, Chromit, Hämatit und Magnetit unter Verwendung von Stärke als Flockungsmittel durchgeführt (Wang, 2003; Beklioglu und Arol, 2004; Pradip, 2006).

Industrielle Produkte, die als Maisstärke vermarktet werden, bestehen im Wesentlichen aus einer

Stärkefraktion (Anlyloptctin plus Amylose), Proteinen, Öl, Fasern, Mineralstoffen und Feuchtigkeit. Die Amylose- und Amylopektin-Komponenten stellen die aktive Substanz des Reagens dar, die in erster Linie für die depressive Wirkung verantwortlich ist (Fuerstenau et al., 2007).

Iwasaki und Lai (1965) stellten fest, dass Stärken mit einem höheren Amylopektinanteil stärker an Hämatit adsorbiert werden als die Stärke mit Amylose.

Amylose- und Amylopektinmoleküle sind über Wasserstoffbrücken in den Stärkemolekülen miteinander verbunden und bilden 3 bis 100 μm große Körnchen, die in kaltem Wasser unlöslich sind. Daher wird zu ihrer Auflösung eine alkalische oder thermische Verkleisterung durchgeführt. Der Mechanismus der thermischen Gelatinierung beruht auf der verstärkten Vibration der Wasserstoffbrückenbindungen in den Stärkemolekülen und deren Aufbrechen bei hohen Temperaturen (Filippov et al., 2014). Daher wird die Molekülmasse der Stärke allmählich verringert, bis Glucosemonomere gebildet werden (Bertuzzi et al., 2007). Mit Natriumhydroxid wird eine Alkaligelatinierung durchgeführt, die bei niedrigen Temperaturen erfolgen kann. Diese Methode führt zu einer homogenen Stärkelösung mit einer nahezu vollständigen Zerstörung der Stärkekörner. Die Alkaligelatinierung ist jedoch weniger erforscht als die thermische Methode. Die Wirksamkeit der Alkaligelatinierung wird stark durch das Stärke/NaOH-Verhältnis (Broome et al., 1951) und die Auflösetechnik (Iwasaki und Lai, 1965; Filippov et al., 2014) beeinflusst.

Einige grundlegende Studien über die Verwendung von Stärke zeigten, dass Stärke ein Polysaccharid ist, das hauptsächlich aus zwei verschiedenen Arten von Glukosepolymeren besteht: Amylopektin und Amylose. Die Amylopektin-Komponente der Stärke nimmt an der Flotation oder Ausflockung teil, aber die Amylosen sind nicht in der Lage, mit einem Mineral zu reagieren. Es wurde festgestellt, dass die meisten Industriestärken 20-30% Amylose, 70-80% Amylopektin und <1% Lipide und Proteine enthalten. Mehrere wissenschaftliche Studien wie thermogravimetrische Analysen, Infrarot- und Zetapotenzialanalysen haben gezeigt, dass die Adsorption von Stärke an der Hämatitoberfläche auf die Verfügbarkeit höherer Konzentrationen von hydroxylierten Metallstellen zurückzuführen ist (Weissenborn et al., 1995). Verschiedene Arten von Stärken und Polysacchariden finden breite Anwendung in der Flotation, bei Klebstoffen, der Verabreichung von Medikamenten und der selektiven Ausflockung von Erzen und Mineralien (Dogu und Arol, 2004). Pinto et al. (1992) stellten bei den in Abb. 4.1 dargestellten Mikroflotationsexperimenten fest, dass Amylopektin die Stärkekomponente ist, die das Mineral Hämatit am wirksamsten verdrängt.

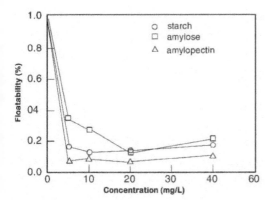

Abb. 4.1. Flotierbarkeit von Hämatit in Abhängigkeit von der Konzentration des Depressionsmittels.

Peres und Correa (1996) erläuterten die Bedeutung des Verhältnisses von Amylose zu Amylopektin in der Stärke bei der Hämatit-Senkung. Ihrer Arbeit zufolge senkt Amylopektin bei Verwendung eines primären Etheramins als Sammler die Hämatitflotation stärker als Amylose. Dennoch wurden bessere Ergebnisse erzielt, wenn anstelle von reinem Amylopektin Stärke mit einem Amylopektin-Amylose-Verhältnis von 75/25 % verwendet wurde. Wenn der Ölgehalt (Triglyceride) in der Stärke 1,8 % übersteigt, sinkt die Leistung der Stärke bei der umgekehrten kationischen Flotation von Eisenerzen, da es zu Störungen der Schaumstabilität kommen kann.

Maisstärke wird in Brasilien seit 1978 für die Eisenerzflotation verwendet. Der Handelsname des Reagens war Collamil, das aus einem sehr feinen und sehr reinen Produkt besteht. Der Amylose- und Amylopektingehalt beträgt 98 % bis 99 %, bezogen auf die Trockenmasse, der Rest entfällt auf geringfügige Anteile an Fasern, Mineralstoffen, Öl und Proteinen. Diese Stärke wurde bei Samarco und auch in Phosphatkonzentrationsanlagen verwendet. Kommerzielle Probleme aufgrund eines Monopols (es gab nur einen Lieferanten für das Reagens) führten dazu, dass die Eisen- und Phosphaterzkonzentratoren nach Alternativen suchten. Ein Produkt, das häufig bei der Bierherstellung verwendet wird, wurde im Labormaßstab mit Eisenerzen getestet (Viana und Souza 1988; Araujo et al., 2005) und erfolgreich im industriellen Maßstab mit Eisen- und Phosphaterzen eingesetzt. Bei diesem Produkt, das zu attraktiven kommerziellen Bedingungen erhältlich war, handelte es sich um Getreidestärke. Die Begriffe konventionelle Stärke (sehr rein) und nicht-konventionelle Stärke (weniger rein (ca. 7% Proteine)) werden für Collamil bzw. Grits verwendet.

Die Ergebnisse aus der betrieblichen Praxis zeigen, dass die Verwendung von nichtkonventioneller Stärke die metallurgische Leistung des Konzentrators in Bezug auf die Eisengewinnung und den Gehalt an Verunreinigungen im Konzentrat nicht beeinträchtigt. Der Preis des alternativen Depressionsmittels war fast halb so hoch wie der Preis der konventionellen Stärke. Trotz des praktischen industriellen Nachweises, dass beide Stärkearten ähnliche Leistungen erbrachten, behaupteten die Lieferanten konventioneller Stärke, dass der Proteingehalt die Flotationsleistung beeinträchtigen könnte (Araujo et al., 2005).

Experimentelle Ergebnisse von Mikroflotationstests in einem modifizierten Hallimond-Rohr zeigten, dass Zein, das am häufigsten vorkommende Maisprotein, ein ebenso wirksames Hämatit-Senkungsmittel ist wie Amylopektin und herkömmliche Maisstärke (Peres und Correa, 1996). Abb. 4.2 zeigt die Flotierbarkeit von Hämatit in Abhängigkeit von der Etheraminkonzentration für Zein und andere Depressionsmittel. Daher ist die angemessene industrielle Leistung von nicht-konventioneller Stärke nicht zufällig (Peres und Correa, 1996).

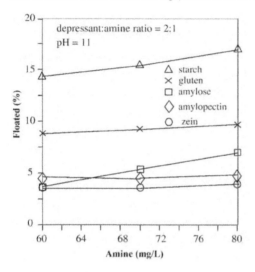

Abb. 4.2. Depressionswirkung von Zein und anderen Depressionsmitteln auf Quarz.

Nach Pavlovic und Brandao (2003) wurde das Verständnis der Wechselwirkungen von Stärke und ihren Polysaccharidkomponenten (Amylose und Amylopektin), dem Monomer Glucose und dem Dimer Maltose mit den Mineralien Hämatit und Quarz bei der Eisenerzflotation verbessert. Die Adsorptionsisothermen für Maisstärke, Amylose und Amylopektin auf Hämatit und Quarz sind in Abb. 4.3a dargestellt. Den Ergebnissen zufolge war die Adsorption von Stärke, Amylose und Amylopektin auf Hämatit ähnlich. Auf Quarz waren die Ergebnisse anders: Amylose wurde stärker abstrahiert als Stärke und Amylopektin wurde nicht abstrahiert.

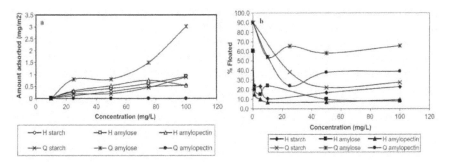

Abb. 4.3: (a) Adsorption von Maisstärke, Amylose und Amylopektin an Hämatit (H) und Quarz (Q). (b) **Schwebefähigkeit von Hämatit und Quarz in Abhängigkeit von den genannten Depressiva.**

Schulz und Cooke (1953) stellten fest, dass Amylose besser als Amylopektin und Stärke an mineralischen Oberflächen adsorbiert werden kann. Abb. 4.3b zeigt die Auswirkungen der Polysaccharidkonzentration auf die Schwimmfähigkeit von Hämatit und Quarz. Wie erwartet war Stärke ein wirksameres Depressionsmittel für Hämatit als für Quarz. Die Ergebnisse zeigen, dass Stärke, Amylose und Amylopektin die Flotierbarkeit von Hämatit in sehr ähnlicher Weise herabsetzen. Bei Quarz war die Depression jedoch anders. Amylose zeigte die schlechteste Leistung als Quarzdepressionsmittel. Diese Ergebnisse können auf die Tatsache zurückgeführt werden, dass Amylose kein Flockungshilfsmittel ist. Obwohl die Adsorption von Amylopektin extrem gering war, war es dennoch ein effizientes Depressionsmittel für Quarz. Wahrscheinlich waren nur wenige Amylopektinmoleküle in der Lage, sich an der Oberfläche zu verankern und somit die Quarzpartikel auszuflocken. Hogg (1999) betrachtete die Beziehung zwischen Adsorption und Ausflockung als nicht eindeutig; die Adsorption sei nur ein Schritt in einem solch komplexen Phänomen. Durch den Vergleich der Adsorptionsdichten von Stärke, Amylose und Amylopektin an Hämatit und Quarz mit ihrer depressiven Wirkung war es nicht möglich, die depressive Wirkung mit der Menge des adsorbierten Polysaccharids, vor allem bei Quarz, zu korrelieren.

Um die Anhaftung von Luftblasen zu verhindern, wird allgemein angenommen, dass die depressive Wirkung die Beschichtung einer natürlichen hydrophoben Oberfläche mit geringer Energie mit einem hydrophilen Film beinhaltet. Es gibt jedoch keine einfache Möglichkeit, diese beiden Effekte - Flockung und Flotation - zu quantifizieren. Ungeachtet dieser Schwierigkeit kann die These unter anderem durch die Verwendung von monomerer Glukose und dimerer Maltose als Depressionsmittel getestet werden. Stärke ist ein komplexes natürliches nichtionisches Polymer, das aus zwei Fraktionen besteht: einem linearen Polymer Amylose, das aus D-Glukosemonomeren besteht, die durch C1-C4-Bindungen verbunden sind, und einem verzweigten Polymer Amylopektin, das die gleichen Monomere enthält, die ebenfalls durch C1-C6-Bindungen verbunden sind (Peres und

Correa, 1996). Abb. 4.4 zeigt ihre Auswirkungen auf die Schwimmfähigkeit von Hämatit und Quarz. Glukose und Maltose in hoher Konzentration waren für Hämatit depressiv, hatten aber keine Wirkung auf Quarz. Die hohe Konzentration war notwendig, weil Glukose und Maltose gut wasserlöslich sind und nur wenige Moleküle mit der Mineraloberfläche interagieren konnten. Diese Ergebnisse deuten darauf hin, dass die Ausflockungswirkung für die stärkedämpfende Wirkung auf Quarz wichtiger ist als die Oberflächenmodifikation (Pavlovic und Brandao, 2003).

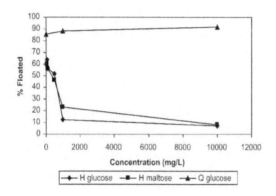

Abb. 4.4. Schwebefähigkeit von Hämatit (H) und Quarz (Q) in Abhängigkeit von der Konzentration des Monomers und des Dimers als Depressionsmittel.

Ein Anbieter von Maiserzeugnissen entwickelte eine gentechnisch veränderte Maissorte, den "Wachsmais", der einen Amylopektingehalt von 96 % aufweist, der höher ist als das Verhältnis von 75/25 % Amylopektin/Amylose im normalen gelben Mais. Der Vorteil der Verwendung von Wachsmaisstärke wurde im industriellen Maßstab nicht beobachtet, und das Produkt war auch ziemlich teuer (Araujo et al., 2005).

Die Nachfrage nach Maisgrieß durch die Snackindustrie zu einem viel höheren Preis, als es sich die Mineralienindustrie leisten konnte, veranlasste die Maisindustrie, ein anderes Produkt aus dem Lebensmittelsegment anzubieten, das lokal als "Fuba" bekannt ist und feiner als Grieß ist und einen höheren Ölgehalt aufweist. Die Maiskörner werden zunächst entkeimt. Die entkeimten Körner werden dann gereinigt, um das Perikarp oder die Schale zu entfernen, und in Hammermühlen trocken gemahlen, wobei verschiedene Größenfraktionen entstehen. Die feineren Fraktionen sind reichhaltiger an Öl, da der Keim und der keimnahe Teil des Endosperms weicher sind als der Rest des Korns. Einige kleine Anbieter finden gelegentlich keinen Markt für die Keimfraktion und entscheiden sich, das ganze Maiskorn zu mahlen. Das Ergebnis ist eine Stärke mit einem sehr hohen Ölgehalt, der 3 % übersteigen kann, was zu einer vollständigen Unterdrückung des Schaums bei der Flotation führt (Araujo et al., 2005). Ölgehalte von mehr als 1,8 % in Stärke stellen ein Risiko für die Schaumstabilität dar.

Für das Lösen von Maisstärke gibt es zwei Möglichkeiten: Erhitzen der Stärkesuspension in Wasser auf 56 °C oder Zugabe von NaOH. Aufgrund der Gefahren des Einsatzes von heißem Wasser in einem Konzentrator, wie er beim ersten Verfahren verwendet wird, nutzen derzeit alle Unternehmen den Weg über Natronlauge. Aufgrund der hohen Kosten für NaOH und der häufigen Preisschwankungen verdient die thermische Methode Aufmerksamkeit und könnte wieder attraktiv werden. Mais ist nicht der einzige natürliche Stärkelieferant. In vielen tropischen Gebieten, wie z. B. in Brasilien, wächst ein Gemüse namens Cassava, Maniok oder Yuca in großem Umfang und nahezu wild. Die Produktionskosten sind im Vergleich zu Mais niedriger. Maniok ist in den Tropen nach Reis und Mais die drittgrößte Kohlenhydratquelle für die Ernährung. Aus Maniok kann eine erstklassige Stärke gewonnen werden, mit dem Vorteil, dass der Gehalt an Stärkefraktion (Amylopektin + Amylose) höher ist, da der Gehalt an Proteinen und Öl niedrig ist. Der geringere Ölgehalt und die höhere Viskosität der gelatinierten Lösung im Vergleich zu Maisstärke sind ihre wichtigsten Merkmale. Wenn man die Wurzel mit ihrer inneren Schale mahlt, erhält man ein weniger reines Produkt, den "Maniokschrott". Die depressive Wirkung dieses billigeren Produkts ist immer noch akzeptabel. Maniok zieht seit vielen Jahren die Aufmerksamkeit der Anlagenbetreiber auf sich, aber kommerzielle Probleme haben eine breite Nutzung verhindert. Wenn die Preise für Sojabohnen und Mais auf dem internationalen Markt steigen, stellen die Menschen den Anbau von Maniok ein, um die exportfähigen früheren Arten anzubauen (Araujo et al., 2005).

Kar et al. (2013) untersuchten die vergleichende depressive Wirkung von vier verschiedenen Stärkearten, nämlich löslicher Stärke, Maisstärke, Kartoffelstärke und Reisstärke mit unterschiedlichen Eigenschaften als Depressionsmittel für Hämatit in der kationischen Flotation unter Verwendung von Dodecylamin als Sammler. Tabelle 4.1 zeigt die physikalisch-chemischen Eigenschaften der verschiedenen Stärken.

Tabelle 4.1. Physikalisch-chemische Eigenschaften der verschiedenen Stärken.

Stärkearten	Granulatgrößenbereich	Durchschnittliche Größe	Amylose	Amylopektin	M.W.	Luftfeuchtigkeit	Fett	Eiweiß
	(μm)	(μm)	(%)	(%)	(Da)	(%)	(%)	(%)
Reis (RS)	2-13	5.5	0	-	$8.9 * 10^7$	12	0.4	6.7
Mais(CS)	5-25	14.3	28	70	$2.27 * 10^8$	13	0.8	0.35
Kartoffel (PS)	10-70	36	20	73	$1.9 * 10^5$	19	0.1	0.1
Löslich (SS	-	-	25	75	Niedrig M.W.	20	-	-

Abb. 4.5 zeigt die Flotationsergebnisse von reinem Hämatit und Quarz sowie die Eisenwerte von minderwertigen Erzen wie gebändertem Hämatit-Quarzit (BHQ) (55,54 % Fe2o3 und 42,47 sio2) mit vier Arten von Stärke.

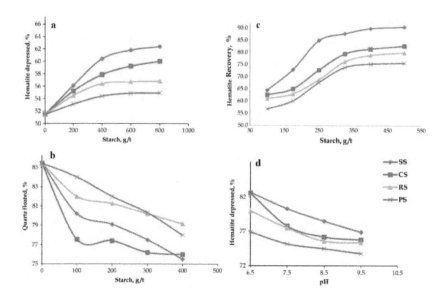

Abb. 4.5. Die Depression und Flotation von reinem Hämatit (a) und Quarz (b) sowie die Fe-Rückgewinnung aus BHQ (c) bei unterschiedlichen Stärkekonzentrationen (pH 7,4, DDA-Konzentration 48 g/t.) Die Depression von Hämatit (d) bei unterschiedlichen pH-Werten (DDA-Konzentration 48 g/t, Stärkekonzentration 400 g/t)

Es ist zu beobachten, dass von allen Stärken die lösliche Stärke am effizientesten arbeitet. Was die Änderung des pH-Wertes betrifft, so bleibt die Hämatitdepression mehr oder weniger konstant. Es ist zu beobachten, dass bei konstanter DDA-Dosierung die Flotierbarkeit von Quarz im Vergleich zu allen Stärken mit zunehmender Stärkekonzentration abnimmt, da ein übermäßiger Einsatz von Stärke die Mineralsuspensionen destabilisiert. Die Ergebnisse von Flotationsstudien mit reinen Hämatit- und Quarzmineralien und einem minderwertigen Eisenerz unter verschiedenen Bedingungen legen nahe, dass alle Stärken gute Depressionsmittel für Hämatit sind (Kar et al., 2013).

In dieser Studie wurde die Adsorption dieser Stärken an Hämatit bei verschiedenen pH-Werten von 3 bis 11 unter Zugabe der gleichen Stärkekonzentration (0,1 M) durchgeführt. Die Ergebnisse der Untersuchungen sind in Abb. 4.6 dargestellt. Die maximale Adsorption für alle vier Stärken mit Hämatit findet bei einem pH-Wert von 5-9 statt. Die Adsorption von Mais- und Kartoffelstärke weist das Maximum auf, während die lösliche Stärke das Minimum an Adsorption aufweist. Die geringste Adsorption von löslicher Stärke könnte darauf zurückzuführen sein, dass die Stärkemoleküle bei allen pH-Werten am stärksten dissoziiert sind, während die anderen Stärken vergleichsweise wenig dissoziiert sind. Bei den Versuchen wurde auch beobachtet, dass lösliche Stärke in kaltem Wasser leicht löslich ist, während andere Stärken nur in warmem Wasser löslich sind. Obwohl die

Depressionsleistung von Hämatit einigermaßen mit der Menge der adsorbierten Stärke korreliert werden kann, konnte keine solche Korrelation für die Flotierbarkeit von Quarz festgestellt werden.

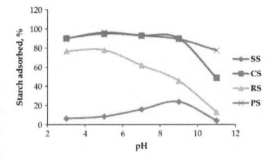

Abb. 4.6. Die Adsorption von löslicher Stärke, Kartoffel-, Mais- und Reisstärke an Hämatit bei verschiedenen pH-Werten.

Stärke wird auf Hämatit durch die Bildung eines Komplexes auf der Mineraloberfläche adsorbiert (Weissenborg et al., 1995). Khosla et al. (1984) schlugen vor, dass der Mechanismus der Stärkeadsorption auf einer Hämatitoberfläche eine chemische Komplexbildung ist. Diese Hypothese wurde von Liu und Laskowski (1989) bei ihren Untersuchungen der Dextrinadsorption an Chalkopyrit-Galenit sowie bei den Untersuchungen der Stärkeadsorption an Hämatit (Weissenborn et al., 1995) und der Dextrinadsorption an Galenit, Magnetit und bestimmten salzartigen Mineralien (Raju et al., 1997) unterstützt.

Kar et al. (2013) schlugen vor, dass der isoelektrische Punkt (IEP) von Hämatit bei pH 6,2 liegt. Durch die Zugabe von löslicher Stärke und Reisstärke verschiebt er sich nur geringfügig. Der IEP bleibt bei 6,0 bzw. 6,1. Aufgrund der physikalischen Adsorption an der Hämatitprobe ändert sich der IEP-Wert durch Zugabe von Mais- bzw. Kartoffelstärke auf pH 7,10 bzw. 6,8.

Die Adsorption durch lösliche Stärke und Reisstärke wird jedoch auf die Chemisorption an der Oberfläche von Hämatitoberflächen zurückgeführt.

Die depressive Wirkung von Stärke auf Hämatit ist auf die Wechselwirkung der Hydroxylgruppen der Stärke mit der OH-Gruppe auf der Oberfläche des Hämatits zurückzuführen. Die Selektivität der Sauerstoffatome hängt von der Polarität ab, die auch von der Wasserlöslichkeit der Stärke abhängt. Die Konfiguration der Stärke, die sich auf die Löslichkeit auswirkt, hat somit auch Auswirkungen auf die depressive Wirkung auf Hämatit. Auf den Stärkemolekülen sind vier OH-Gruppen vorhanden. Im Vergleich zu den anderen OH-Gruppen sind die OH-Gruppen, die sich näher am heterozyklischen Sauerstoff der Stärke befinden, jedoch stärker polarisierbar. Das einsame Elektronenpaar an den Sauerstoffatomen der polarisierbaren Sauerstoffatome interagiert mit den freien d-Orbitalen an den

Fe-Atomen des Eisenoxids. Die mit Hilfe von FTIR, Zeta-Potential und Adsorption durchgeführten Studien haben gezeigt, dass eine gewisse Wechselwirkung zwischen allen Stärkemolekülen und Hämatit besteht. Basierend auf den Studien ist die Stärke-Hämatit-Wechselwirkung in Abb. 4.7 dargestellt (Kar et al., 2013).

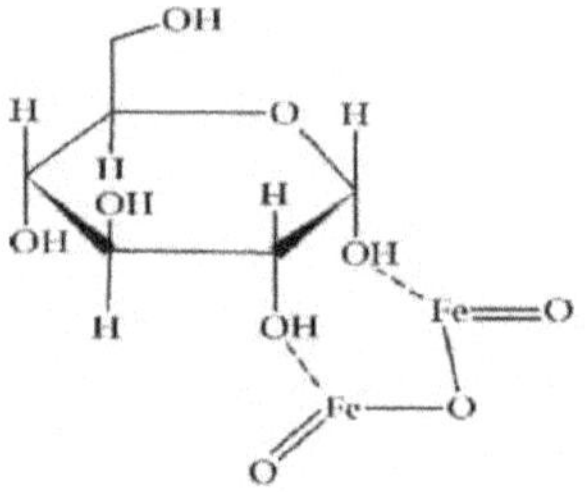

Abb. 4.7. Die Struktur der Hämatit-Stärke-Wechselwirkung

Es wurden mehrere Hypothesen zum Adsorptionsmechanismus von Polysacchariden vorgeschlagen, vor allem Wasserstoffbrückenbindungen, hydrophobe Wechselwirkungen, chemische Komplexbildung und Säure-Basen-Wechselwirkungen.

Auf der Grundlage der Basalebene und der Spaltungsebene von Eisenoxiden wurde die Wechselwirkung von Stärke mit Eisenoxid von Ravishankar et al. (1995) vorgeschlagen. Somsook et al. (2005) haben die Wechselwirkung zwischen Eisen und Polysacchariden auf der Grundlage mehrerer Studien wie TG-DTA, FTIR, EPR, NMR und TEM vorgeschlagen. Sie wiesen darauf hin, dass die Adsorption von Stärke auf der Hämatitoberfläche auf die Verfügbarkeit höherer Konzentrationen hydroxylierter Metallstellen zurückzuführen ist. Kürzlich haben Jain et al. (2012) die Wechselwirkung anhand des Elektronendichte-Diagramms gezeigt, das den Ladungstransfer zwischen dem Fe-Atom des Hämatits und dem Sauerstoffatom der Stärke anzeigt.

Nach Pavlovic und Brandao (2003) hängt die Hämatit-Stärke-Bindung vom Abstand zwischen den Eisenatomen auf der Hämatit-Gitteroberfläche ab.

Unter den Druckmitteln aus anderen Quellen hat sich Carboxymethylcellulose (CMC) weltweit als Druckmittel für viele Mineralien wie Talk, Magnesiumsilikate, Dolomit und Chromit durchgesetzt. Technisch wurde dieses Reagenz als Alternative zu Stärke zugelassen. Mehrere Labortestprogramme mit verschiedenen Eisenerzen aus dem Eisenerzviereck wurden bereits mit handelsüblichen CMCs mit unterschiedlichem Substitutionsgrad und verschiedenen Molekulargewichten durchgeführt (Araujo et al., 2005). Im Allgemeinen ergaben alle getesteten CMCs Konzentratqualitäten mit geringerem Siliziumgehalt als Stärke, aber die Fe-Gehalte der Tailings sind bei den bisher getesteten CMCs etwas höher. Abb. 4.8 zeigt die Ergebnisse von Flotationstests mit drei verschiedenen CMC-Typen.

Die CMC-Dosierung muss mindestens fünfmal geringer sein als die von Stärke, um in Bezug auf die Betriebskosten wettbewerbsfähig zu sein. Die getesteten Dosierungen lagen im Bereich von 1/10 bis 1/5 der Stärke. Einige CMCs zeigten sogar bei einer Dosierung von 1/10 der Stärke recht gute Ergebnisse (Araujo et al., 2005).

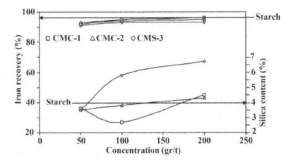

Abb. 4.8. **Eisenrückgewinnung und Kieselsäuregehalt im Konzentrat in Abhängigkeit von der Dosierung für drei CMC-Typen (1 leicht kationisches CMC; 2 und 3 Gemisch aus anionischen CMCs mit unterschiedlichen Substitutionsgraden).**

Die Substitution von Stärke durch CMC, die für die umgekehrte kationische Flotation von Eisenerz bewertet wurde (Liu et al., 2006), zeigte, dass nur zwei Polymere (eine Carboxymethylcellulose und Guarkernmehl) die gleiche Leistung wie Stärke erreichten. Die bessere Leistung dieser Reagenzien ist auf das Vorhandensein von Glucopyranoseringen zurückzuführen.

Turrer und Peres (2010) bewerteten die Anwendung anderer Depressionsmittel, die in anderen Flotationssystemen für Mineralien häufig verwendet werden. Sechs Carboxymethylcellulosen, drei Lignosulfonate (Barytentlastungsmittel), ein Guarkernmehl (Entlastungsmittel für Tone) und vier Huminsäuren wurden in der kationischen Rückwärtsflotation untersucht. Es wurde eine Reihe von Flotationsversuchen durchgeführt, bei denen die Amindosierung und der pH-Wert festgelegt wurden, um die Leistung dieser Depressionsmittel zu bewerten. Die Dosierung der Depressionsmittel wurde mit 6, 60, 180, 320 und 600 g/t bewertet. Die Reaktionsvariablen waren der Kieselsäuregehalt im Konzentrat und die Eisengewinnung. Abb. 4.9 zeigt eine Zusammenstellung der Ergebnisse der Laborflotationsversuche. Die meisten Reagenzien waren nicht selektiv, sondern wirkten als Quarzsenker und erhöhten den Siliziumdioxidgehalt im Konzentrat. Nur zwei Polymere (eine Carboxymethylcellulose (CMC5) und Guarkernmehl) erreichten die gleiche Leistung wie Stärke und ergaben Konzentrate mit einem Kieselsäuregehalt von weniger als 2,5 %. Darüber hinaus führten nur diese Depressionsmittel zu einer Eisenrückgewinnung von über 40 %. Diese Depressionsmittel wurden für zusätzliche Tests ausgewählt, um den Einfluss des pH-Werts zu untersuchen. CMC5 erreichte nur bei einem pH-Wert von 10,0 ein zufriedenstellendes Rückgewinnungsniveau. CMC5

49

führte jedoch zu höheren Kieselsäuregehalten im Konzentrat als die Guarkernmehl-Stärke. Guarkernmehl lieferte die besten Ergebnisse bei pH = 10,5. Es führte zu einem Kieselsäuregehalt im Konzentrat von nahezu 1,0 % und einer hohen Eisenausbeute bei niedrigeren Dosierungen als Stärke (180 g/t). Der niedrigere Kieselsäuregehalt und die höhere Eisenausbeute wurden bei jedem getesteten pH-Wert und einer Stärkedosierung von mehr als 320 g/t erzielt. Stärke ist das beste Depressionsmittel, aber auch Guarkernmehl kann zu zufriedenstellenden Ergebnissen führen.

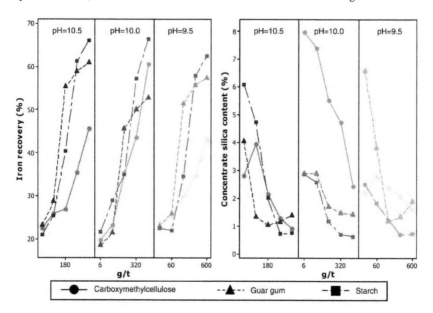

Abb. 4.9. Flotationsleistung von Stärke, CMC5 und GG in verschiedenen pH-Bereichen

Eine weitere Option, die derzeit untersucht wird, ist die Verwendung synthetischer Polymere, die als Flockungsmittel verwendet werden, als teilweiser Ersatz für Stärke (Turrer, 2003). Anionische, kationische und nichtionische Polyacrylamide werden derzeit im Labormaßstab getestet. Der viel höhere Preis dieser Reagenzien kann durch die weitaus geringere Zugabemenge neutralisiert werden.

Die Verwendung von Huminsäure anstelle von Stärke für die Hämatitdepression wurde von Santos und Oliveira (2007) vorgeschlagen. Bei der Umkehrflotation von Gemischen, die einzelne Mineralien mit 75 % Hämatit und 25 % Quarz aus einer Lagerstätte in Brasilien enthalten, wurde Dodecylamin als Sammler und Huminsäure als Depressionsmittel für die Hämatit-Träger verwendet, wodurch ein Konzentrat mit einem Hämatitanteil von 86 % und einer Gewinnung von 90,7 % erzielt wurde.

Lima et al. (2013) bewerteten erfolgreich die Auswirkungen des Partikelgrößenbereichs (-150 + 45 µm, Grobfraktion, -45 µm, Feinfraktion und -150 µm, Gesamtfraktion), der Stärke- und Amindosierung und des pH-Werts auf die Leistung der Rückflotation eines Eisenerzes, wobei ein

SiO2-Gehalt im Konzentrat von <1 % angestrebt wurde. Vorversuche zeigten, dass für die grobe Fraktion höhere Amindosierungen erforderlich waren als für die anderen Fraktionen. Der Begriff Clathrat wurde verwendet, um die Mechanismen der Interaktion der Reagenzien zu erklären, d.h. eine molekulare Verbindung, bei der die Moleküle einer Spezies die leeren Plätze im Gitter der anderen Spezies einnehmen, was zu einer Depression der hydrophoben Mineralien führt. Tabelle 4.2 zeigt die Ergebnisse der Auswirkungen der Amindosierung und des pH-Werts (bei einer Stärkedosierung von 500 g/t) auf die Eisengewinnung und den SiO2-Gehalt im Konzentrat für die drei Größenfraktionen.

Die Clathratbildung zwischen Amin- und Stärkemolekülen könnte der Grund für den Anstieg des SiO2-Gehalts in den Konzentraten des groben Kornbereichs (-150 + 45 μm) infolge einer Erhöhung der Amindosierung sein, was zu einer Quarzsenkung führt. Andererseits wurde bei den Fraktionen -150 μm (global) und -45 μm (fein) kein Anstieg des SiO2-Gehalts im Konzentrat beobachtet. Dieser Effekt wurde nur bei der groben Fraktion beobachtet, die eine höhere Amindosierung benötigt, da ein idealer Hydrophobiegrad erreicht werden muss, damit die Partikel an der Blase haften bleiben.

Oliveira (2006) stellte fest, dass in der Fachliteratur das Konzept weit verbreitet ist, dass der schnelle und überproportionale Kollektorverbrauch der feinen Partikel aufgrund ihrer größeren spezifischen Oberfläche eine geringere hydrophobe Bedeckung der Oberfläche der gröberen Partikel bewirkt, wodurch die Schwimmfähigkeit dieser Partikel verringert wird. Dieses Konzept beruhte ursprünglich auf den Untersuchungen von Robinson (1975) im System Quarz-Dodecylamin und Glembotsky (1968) im System Pyrit-Xanthat. In beiden Systemen waren höhere Reagenzien-Dosierungen erforderlich, um größere Partikel zu flotieren.

Die Amindosierung von 250 g/t SiO2 wird als Schwellenwert für die Amin-Stärke-Interaktion vorgeschlagen. Die Analyse der Aminreste zeigte, dass dieses Reagenz im Konzentrat nur in der groben Fraktion bei einer Dosierung von 250 g/t SiO2 vorhanden war, was die Wechselwirkung zwischen Amin und Stärkemolekülen, die die Depression der Quarzpartikel verursacht, untermauert.

Die Erhöhung der Stärkedosierung von 500 g/t auf 1000 g/t führte nur zu einem geringen Anstieg des SiO2-Gehalts im Konzentrat. Wie von Cleverdon und Somasundaran (1985) vorgeschlagen, wurden bei Stärkedosierungen von 500 g/t und 1000 g/t nicht alle Moleküle an die Mineraloberfläche adsorbiert, der Rest befand sich frei in Lösung und war bereit, mit Aminmolekülen zu interagieren. Es wird angenommen, dass die Erhöhung der Amindosierung für die Bildung von Clathraten wichtiger ist als die Erhöhung der Stärkedosierung.

Tabelle 4.2. Auswirkung der Amindosierung und des pH-Werts (Stärke 500 und 1000g/t).

Fraktion (μm)	Amin (g/tSiO)₅	pH ■	SiO2 in Konzentrat (%) 500 (gr/t)	SiO2 in Konzentrat (%) 1000 (gr/t)
	60	9.5	1.04	1.17
150 (global)	100	9.5	0.70	0.67

	60	10.7	1.62	1.35
	100	10.7	0.92	1.00
	150	9.5	1.18	1.17
150 + 45	250	9.5	3.81	4.70
(grob)	150	10.7	0.77	0.64
	250	10.7	1.16	1.90
	120	9.5	5.73	4.95
45 (Geldstrafe)	200	9.5	1.33	0.86
	120	10.7	2.30	2.39
	200	10.7	0.67	0.63

Kapitel 5

Schlussfolgerung und Empfehlung

5.1. Schlussfolgerung und künftige Studien

Die Aufbereitung von Eisenoxidmineralen durch Flotation ist ein kompliziertes Verfahren. Ziel dieser Übersichtsarbeit war es, die Auswirkungen verschiedener Betriebsbedingungen auf die Eisenoxidflotation (kationisch und anionisch) aufzuzeigen und zu ermitteln. Die Auswahl einer geeigneten Flotationsmethode hängt stark von den Begleitstoffen des Eisenoxids ab. In dieser Arbeit wurden die Arten und Konzentrationen von Sammlern und Depressionsmitteln, der pH-Wert, die Ionenstärke und der grundlegende Mechanismus der Reagenzien-Mineral-Interaktion untersucht. Aus den Ergebnissen dieser Untersuchung lassen sich die folgenden allgemeinen Feststellungen ableiten:

• Die maximale Flotation von Hämatit mit anionischen Sammlern wie Natriumoleat findet im neutralen pH-Bereich statt, während die Adsorption von Oleat an Hämatit mit sinkendem pH-Wert zunimmt. Dies ist auf die Bildung des Säure-Seife-Komplexes in diesem pH-Bereich und seine hohe Oberflächenaktivität zurückzuführen.

• Obwohl die direkte anionische Flotation das erste Flotationsverfahren war, das in der Eisenerzindustrie eingesetzt wurde, ist das gängigste Flotationsverfahren für die Aufbereitung von Eisenerzen die umgekehrte kationische Flotation. Bei der umgekehrten anionischen Flotation wird Quarz zurückgewiesen, indem er zunächst mit Kalk aktiviert und dann mit Fettsäuren als Sammler aufgeschwemmt wird. Die Untersuchungen haben bestätigt, dass die umgekehrte kationische Flotation empfindlicher auf die Entkalkung des Flotationsgutes reagiert, während die anionische Flotation empfindlicher auf die ionische Zusammensetzung der Trübe reagiert. Es ist klar, dass die Flotation von Quarz bei der umgekehrten kationischen Flotation wesentlich schneller ist als bei der umgekehrten anionischen Flotation. Bei der umgekehrten anionischen Flotation bleibt selbst nach längerer Flotationszeit ein kleiner Teil des Quarzes unflotiert.

• Für die Flotation von Silikaten aus Eisenerzen werden hauptsächlich primäre Ethermonoamine oder primäre Etherdiamine mit Kohlenwasserstoffkettenlängen von 10-16 Kohlenstoffatomen oder Mischungen aus zwei Etheraminen verwendet. Das Flotationsverhalten von Oxidmineralien wie Kieselsäure zeigte, dass Etherdiamine ein stärkeres Sammelvermögen haben als Ethermonoamine.

• Gelatinierte Maisstärke wird häufig als Depressionsmittel für Eisenoxide verwendet. Die Stärkemoleküle drücken sowohl die Eisenoxid- als auch die Kieselerdeteilchen, aber aufgrund der großen Radikalgröße und der hohen elektrischen Negativität werden die Amine in Wasser ionisiert und reagieren mit den Kieselerdeteilchen vorzugsweise bei leicht alkalischem pH-Wert. Mehrere Studien haben bestätigt, dass Carboxymethylcellulose (CMC) und Guarkernmehl die gleiche Leistung erreichen wie aus Stärke gewonnene Konzentrate. Der Ölgehalt der Stärke ist wegen seiner schaumhemmenden Wirkung ein großes Problem.

• Jüngste Studien haben gezeigt, dass die Flotation von Eisenerzen mit Tensidmischungen (Kombination von Monoaminen mit Diaminen und teilweiser Substitution der Amine durch Heizöl) bessere Ergebnisse als mit einzelnen Tensiden liefert, um die Entfernung von Silikaten (einschließlich eisenhaltiger Silikate) während der kationischen Umkehrflotation zu erleichtern.

• Neuere Studien über die Verwendung neuer Sammler wie das Gemini-Tensid (Ethan-1,2-bis(dimethyl-dodecyl-ammoniumbromid EBAB), M-302 (ein neuartiges quaternäres Ammonium-Tensid mit Esterbindungen und Kohlenwasserstoffschwänzen) und quaternäre Ammonium-basierte ionische Flüssigkeiten (IL) zeigten, dass diese im Vergleich zu herkömmlichen Sammlern recht vielversprechend sind, um ein geeignetes Konzentrat bei der reversen kationischen Flotation von Quarz herzustellen. Die Flotationsergebnisse zeigten, dass EBAB ein stärkeres Sammelvermögen als das herkömmliche monomere Tensid Dodecylammoniumchlorid (DAC) und eine höhere Selektivität für Quarz gegenüber Magnetit aufweist. Ebenso zeigen die Sammler M-302 und IL eine bessere Sammelleistung bei geringerer Dosierung als herkömmliche Sammler.

• Es sind noch weitere Untersuchungen erforderlich, um die Auswirkungen der Art des Depressionsmittels, die Auswirkungen gelöster Ionen, die Verwendung gemischter Sammler, die Verstärkung der Stärke der Sammler durch synergistische Effekte anderer Sammler und das Verständnis der Phänomene der Eisenoxidflotation zu untersuchen.

Referenzen

Abdel-Khalek, N.A., Yehia, A., Ibrahim, S.S., 1994. Aufbereitung von ägyptischem Feldspat zur Verwendung in der Glas- und Keramikindustrie, Miner. Eng., 7, 1193-1201.

Abdel-Khalek, N.A., Yassin, K.E., Selim, K.A., Rao, K.H., Kandel, A.H., 2012. Einfluss des Stärketyps auf die Selektivität der kationischen Flotation von Eisenerzen. Mineral Processing and Extractive Metallurgy 121, 98-102.

Ananthapadmanabhan, K.P., Somasundaran, P., 1988. Acid-soap formation in aqueous oleate solutions. Colloid Interface Sci. 122, 104.

Ananthapadmanabhan, K.P., Somasundaran, P., 1980. Oleatchemie und Hämatitflotation. In: Yarar B and Spottiswood DJ (eds) Interfacial Phenomena in Mineral Processing, p. 207, New York: Engineering Foundation.

Araujo, A.C., Souza, C.C., 1997. Teilweiser Ersatz von Amin in der Umkehrsäulenflotation von Eisenerzen: 1-Pilotanlagenstudien. In: Proceedings of the 70th Annual Meeting Minnesota Section SME and 58th Annual University of Minnesota Mining Symposium, Duluth, Minnesota, 111-122.

Araujo, A.C. Viana, P.R.M., Peres, A.E.C., 2005. Reagenzien bei der Flotation von Eisenerzen, Miner. Eng. 18, 219-224.

Atkin, R. Craig,V.S.J., Wanless,E.J. Biggs, S., 2003. Mechanism of cationic surfactant adsorption at the solid-aqueous interface, Adv. Colloid Interface Sci. 103, 219-304.

Beklioglu, B., Arol, A.I., 2004. Selektives Flockulationsverhalten von Chromit und Serpentin. Phsiochemical Problems of Mineral Processing 38, 103-112.

Bertuzzi, M.A., Armada, M., Gottifredi, J.C., 2007. Physikalisch-chemische Charakterisierung von stärkebasierten Folien. J. Food Eng. 82, 17-25.

Beunen, J.A., Mitchell, D.J., White, L.R., 1978. Oberflächenspannungsminimum in ionischen Tensidsystemen. J. Chem. Soc., Faraday Trans. 74, 2501- 2517.

Broome, F.K., Hoerr, C.W., Harwood, H.J., 1951. Die binären Systeme von Wasser mit Dodecylammoniumchlorid und seinem N-Methylderivat. J. Am. Chem. Soc. 73, 33503352.

Bulatovic, S.M., 2007. Handbuch der Flotationsreagenzien: Chemie, Theorie und Praxis. Amsterdam: Elsevier, Internetquelle.

Chatterjee, A., De, A., Gupta, S. S., 1993. Monographie über die Sinterherstellung bei TATA Steel. Tata Steel, S. 164.

Chen, Z.M., Sasaki, H., Usui, S., 1991. Kationische Flotation von feinem Hämatit mit Dodecyltrimethylammoniumbromid (DTAB), Metall. Rev. MMIJ 8 (1), 35-45.

Chen, L. Xie, H. Li, Y. Yu, W. 2008. Applications of cationic Gemini surfactant in preparing multi-walled carbon nanotube contained nanofluids, Colloids Surf. A 330 (23), 176-179.

Cleverdon, J., Somasundaran, P., 1985. A study of polymer/surfactant interaction at the mineral/solution interface.Miner.Metall. Process. 2, 231.

Crabtree, E. H., Vincent, J. D., 1962. Historischer Abriss der wichtigsten Flotationsentwicklungen. in froth flotation. 50th Anniversary, Ed. D.W. Fuerstenau. New York: American Institute of Mining, Metallurgical and Petroleum Engineering Inc.

Cristoveanu, I.E., Meech, J.A., 1985. Carrier-Flotation von Hämatit. CIM Bull. 78, 3542.

Darling, P., 2011. SME Mining Engineering Handbook. Dritte Auflage, *SME*

David, D., Larson, M., Li, M., 2011. Optimierung des Magnetitkreislaufs in Westaustralien. Proceedings of the Metallurgical Plant Design and Operating Strategies, Perth. De Castro, F.H.B., Borrego, A.G., 1995. Modifikation der Oberflächenspannung in wässrigen Lösungen von Natriumoleat in Abhängigkeit von Temperatur und pH-Wert im Flotationsbad. J. Colloid Interface Sci. 173, 8-15

Devinsky, F. Lacko, I. Bittererova, F. Tomec[v]kova, L., 1986. Relationship between structure, surface activity, and micelle formation of some new bisquaternary isosteres of 1,5-pentanediammonium dibromides, J. Colloid Interface Sci. 114, 314-322.

Dogu, I., Arol, A.I., 2004. Abtrennung von dunkel gefärbten Mineralien aus Feldspat durch selektive Ausflockung mit Stärke. Powder Technol. 139, 258-263.

Ferreiraa, A.R., Nevesa, L.A., Ribeiroc, J.C., Lopesc, F.M., Coutinhob, J.A.P., Coelhosoa, I.M., Crespoa, J.G., 2014. Removal of thiols from model jet-fuel streams assisted by ionic liquid membrane extraction, Chem. Eng. J. 256, 144-154.

Filippov, L.O., Filippova, I.V., Severov, V.V., 2010. The use of collectors mixture in the reverse cationic flotation of magnetite ore: the role of Fe-bearing silicates, Miner. Eng. 23, 91-98.

Filippov, L.O., Severov, V.V., Filippova, I.V., 2014. An overview of the beneficiation of iron ores via reverse cationic flotation, International Journal of Mineral Processing 127, 62-69.

Fuerstenau, D.W., Gaudin, A.M., Miaw, H.L., 1958. Eisenoxid-Schleimschichten in der Flotation. Trans. AIME. 211, 792-795.

Fuerstenau, D. W., Healy, T. W., Somasundaran, P., 1964. The role of hydrocarbon chain of alkyl collectors in flotation. Transactions of SME-AIME, 229, 321-325.

Fuerstenau, D.W., Pradip, 1984. Mineralflotation mit Hydroxamatsammlern. In: Jones, M.J., Oblatt, R. (Eds.), Reagent in the Mineral Industry. The Institution of Mining and Metallurgy, GB, 161-168.

Fuerstenau, M.C., Martin, C.C., Bhappu, R.B., 1963. The role of hydrolysis in sulfonate flotation of quartz. Trans. AIME 226:449.

Fuerstenau, M.C., und D.A. Elgillani. 1966. Calcium-Aktivierung bei der Sulfonat- und Oleat-Flotation von Quarz. Trans. AIME 235, 405.

Fuerstenau, M.C., Cummins, W.F., 1967. Role of basic aqueous complexes in anionic flotation of quartz. Trans. AIME 238,196.

Fuerstenau, M.C., Harper, R.W., Miller, J.D., 1970. Hydroxamat vs. Fettsäureflotation von Eisenoxid. Trans. AIME 247, 69-73.

Fuerstenau, M.C., Palmer, R.B., 1976. Anionic flotation of oxides and silicates, Flotation- AM Gaudin Memorial Volume, 148-196.

Fuerstenau, M.C., Jameson, J., Yoon, R., 2007. Schaumflotation: Ein Jahrhundert der Innovation. *KMU.*

Gaieda, M.E., Gallalab, W., 2015. Aufbereitung von Feldspaterz für die Anwendung in der Keramikindustrie: Influence of composition on the physical characteristics, Arabian Journal of Chemistry, 8(2), 186-190.

Glembotsky, V.A., 1968. Untersuchung der getrennten Konditionierung von Sanden und Schlämmen mit Reagenzien vor einer gemeinsamen Flotation. In: Proc. International Mineral Processing Congress, 8, Paper S-16, Leningrad.

Goracci, L., Germani, R., Rathman, J.F., Savelli, G., 2007. Anomales Verhalten von Aminoxid-Tensiden an der Luft/Wasser-Grenzfläche. Langmuir 23, 10525-10532.

Gupta, A., Yan, D., 2006. Design und Betrieb der Mineralaufbereitung: An introduction. Elsevier Science Ltd, Amsterdam.

Hai-pu, L., Sha-sha, Z., Hao, J., Bin, L., 2010. Wirkung von modifizierten Stärken auf die Depression von Diasporen. Transaction of Nonferrous Metallurgical Society of China 20, 1494 - 1499. Han, K.N., Healy, T.W., Fuerstenau, D.W., 1973. Der Mechanismus der Adsorption von Fettsäuren und anderen Tensiden an der Oxid-Wasser-Grenzfläche. J. Colloid Interface Sci. 44, 407414.

Hogg, R., 1999. Polymeradsorption und Ausflockung. In: Laskowski, J.S. (Ed.), Polymers in Minerals Processing. Montreal, S. 3-17.

Houot, R., 1983. Veredelung von Eisenerz durch Flotation; Überblick über industrielle und potenzielle Anwendungen. Int. J. Miner. Process. 10, 183-204.

Huang, Z.Q. Zhong, H. Wang, S. Xia, L.Y., Zhao, G., Liu, G.Y., 2014. Gemini trisiloxane surfactant: synthesis and flotation of aluminosilicate minerals, Miner. Eng. 56, 145-154.

Huang, Z.Q., Zhong, H., Wang, S., Xia, L.Y., Zhao, G., Liu, G.Y., 2014. Investigations on reverse cationic flotation of iron ore by using a Gemini surfactant: Ethane-1, 2-bis (dimethyl-dodecyl-ammonium bromide), Chemical Engineering Journal 257, 218-228 Iwasaki, I., Lai, R.W., 1965. Starches and starch products as depressants in soap flotation of activated silica from iron ores. Trans. Am. Inst. Min. Metall. Pet. Eng. 232, 364-371

Iwasaki, I., 1983. Eisenerzflotation, Theorie und Praxis. Min. Eng. 35, 622-631.

Iwasaki, I., 1989. Brückenschlag zwischen Theorie und Praxis in der Eisenerzflotation. Seite 177 in Advances in Coal and Mineral Processing Using Flotation. Herausgegeben von S. Chander und R.R. Klimpel. Littleton, CO: SME.

Iwasaki, I., 1999. Flotation von Eisenerz: Historische Perspektive und Zukunftsaussichten. Proceedings of the Symposium, Advances in Flotation Technology, SME Annual Meeting, Denver, CO, March 1-3, S. 231.

Jain, V., Rai, B., Waghmare, U.V., Pradip, 2012. Molecular modeling based selection and design of selective reagents for beneficiation of alumina rich iron ore slimes. In: Proceedings XXVI International Mineral Processing Congress, New Delhi, India, 2258-2269.

Jung, R.F., James, R.O., Healy, T.W., 1988. A multiple equilibria model of the adsorption of oleate aqueous species at the goethite water interface. Colloid Interface Sci. 122, 544.

Kar B., Sahoo, H., Rath S., Das, B., 2013. Investigations on different starches as depressants for iron ore flotation, Minerals Engineering 49, 1-6

Khosla, N.K., Bhagat, R.P., Gandhi, K.S., Biswas, A.K., 1984. Kalorimetrische und andere Interaktionsstudien an Mineral-Stärke-Adsorptionssystemen. Colloids Surf. 8, 321-336.

Kulkarni, R.D., Somasundaran, P., 1975. Kinetik der Oleat-Adsorption an der Flüssigkeits/Luft-Grenzfläche und ihre Rolle bei der Hämatit-Flotation. In: Somasundaran, P., Grieves, R.B. (Eds.), Advances in Interfacial Phenomena of Particulate/Solution/Gas Systems: Applications to Flotation Research. AIChE, USA, S. 124-133.

Kulkarni, R.D., Somasundaran, P., 1980. Flotation chemistry of hematite/oleate system. Colloids Surf. 1, 387-405.

Laskowski, J.S., Vurdela, R.M., Liu, Q., 1988. Die Kolloidchemie der Kollektorflotation mit schwachen Elektrolyten. Proceedings of the XVI International Mineral Processing Congress, S. 703

Lia, J., Zhoua, Y., Maoa, D., Chena, G., Wanga, X., Yanga, X., Wang, M., Peng, L., Wang, J., 2014. Heteropolyanion-basierter, mit ionischer Flüssigkeit funktionalisierter mesoporöser Copolymer-Katalysator für die Friedel-Crafts-Benzylierung von Arenen mit Benzylalkohol, Chem. Eng. J. 254, 54-62.

Lima, N.P., Valadão, G.E.S., Peres, A.E.C., 2013. Auswirkung von Amin- und Stärkedosierungen auf die umgekehrte kationische Flotation eines Eisenerzes. Miner. Eng. 45, 180-184.

Liu Wen-gang, Wei De-zhou, Cui Bao-yu, 2011. Collecting performances of N- dodecylethylene-diamine and its adsorption mechanism on mineral surface, Trans. Nonferrous Met. Soc. China 21, 1155-1160.

Liu Wen-gang, Weidezhou, Wang Benying, Fang Ping, Wang Xiaohui, Cui Baoyu, 2009. Ein neuer Kollektor für die Flotation von Oxidmineralien. Trans. Nonferrous Met. Soc. China 19, 1326-1330.

Liu, Q., Laskowski, J.S., 1989. Die Rolle von Metallhydroxiden an Mineraloberflächen bei der Dextrinadsorption. II: Chalkopyrit-Galenit-Trennungen in Gegenwart von Dextrin. Int. J. Miner. Process. 27, 147-155.

Liu, Q., Wannas, D., Peng, Y., 2006. Ausnutzung der Doppelfunktionen von polymeren Depressionsmitteln in der Feinpartikelflotation. International Journal of Mineral Processing 80, 244-254.

Liu-yin, X., Zhong, H., Guang-yi, L., Shuai, W., 2009. Verwendung von löslicher Stärke als Depressionsmittel für die Rückflotation von Diasporen aus Kaolinit. Minerals Engineering 22 (6), 560-565.

Liu-yin, X., Zhong, H., Guangyi, 2010. Flotationsverfahren zur Abtrennung von Diasporen aus Bauxit unter Verwendung von Gemini-Kollektor und Stärkedruckmittel. Transactions of Non-ferrous Metal Society of China 20, 495-501.

Ma, X., Marques, M., Gontijo, C., 2011. Vergleichende Studien zur umgekehrten kationischen/anionischen Flotation von Eisenerz aus Vale. Int. J. Miner. Process. 100 (1-2), 179-183.

Ma, X., 2008. Die Rolle der Solvatationsenergie bei der Adsorption von Stärke auf Oxidoberflächen. Colloids Surf, 320, 36-42.

Ma, M. 2012. Froth Flotation of Iron Ores, International Journal of Mining Engineering and Mineral Processing; 1(2): 56-61.

Ma, X., Marques, M., Gontijo, C., 2011. Vergleichende Studien zur umgekehrten kationischen/anionischen Flotation von Vale-Eisenerz. Int. J. Miner. Process. 100 (1 -2), 179-183.

Marinakis, K.I. und Shergold, H.L., 1985. Einfluss des Zusatzes von Natriumsilikat auf die Adsorption von Ölsäure durch Fluorit, Calcit und Baryt. Int. J. Miner. Process. 14:177193.

Ma, X., Davey, K., Giyose, A., Malysiak, V., 2009. Aufbereitung von Sishen-Eisenerzschlämmen durch kationische Umkehrflotation. Australasian Institute of Mining and Metallurgy, Perth.

Ma, X., Bruckard, W.J., Holmes, R., 2009. Einfluss von Kollektor, pH-Wert und Ionenstärke auf die kationische Flotation von Kaolinit. Internationale Zeitschrift für Mineralaufbereitung 93, 5458.

Ma, X., 2010. Role of hydrolysable metal cations in starch-kaolinite interactions. International Journal of Mineral Processing 97, 100-103.

Ma, X., 2011a. Verbesserung der Hämatit-Flockung im Hämatit-Stärke-(niedermolekulares) Poly(acrylsäure)-System. Industrial & Engineering Chemistry Research 50, 11950-11953.

Ma, X., 2011b. Wirkung einer Polyacrylsäure mit niedrigem Molekulargewicht auf die Koagulation von Kaolinitpartikeln. International Journal of Mineral Processing 99, 17-20.

Meech, J.A., 1981. Durchführbarkeit der Eisenrückgewinnung aus Mount Wright-Abraummaterial. CIM Bull. 74, 115-119.

Menger, F.M., Littau, C.A., 1991. Gemini surfactants: synthesis and properties, J. Am. Chem. Soc. 113 (1991) 1451-1452.

Montes-Sotomayor, S., Houot, R., Kongolo, M., 1998. Flotation von verkieselten Ganggesteins-Eisenerzen: Mechanismus und Wirkung von Stärke. Minerals Engineering 11 (1), 71-76.

Morgan, L.J. 1986. Oleat-Adsorption an Hämatit: Probleme und Methoden. Int. J. Miner. Process. 18:139

Mowla, D., Karimi, G., Ostadnezhad, K., 2008. Entfernung von Hämatit aus Quarzsanderz durch Umkehrflotationstechnik. Separation and Purification Technology 58, 419423.

Napier-Munn, T., Wills, B.A., 2006. Wills' mineral processing technology, Seventh Edition: Eine Einführung in die praktischen Aspekte der Erzaufbereitung und Mineraliengewinnung. Butterworth-Heinemann, New York.

Neves, C.M.S.S., Lemusb, J., Freirea, M.G., Palomarb, J., Coutinhoa, J.A.P., 2014. Enhancing the adsorption of ionic liquids onto activated carbon by the addition of inorganic salts, Chem. Eng. J. 252, 305-310.

Norman, H., 1986. Sulphonate type flotation reagents, In (D. Malhotra and W. Friggs Eds.) Chemical Reagents in the Mineral Processing Industry, SME Inc, Littleton, Colorado.

Nummela, W., Iwasaki, I., 1986. Flotation von Eisenerzen. In: Somasundaran, P. (Ed.), Advances in

Mineral Processing: A Half-century of Progress in Application of Theory to Practice. SME, Littleton, S. 308-342.

Oliveira, J.F., 2006. Der Mineraliensektor: Technologische Trends. Centro de Tecnologia Mineral - CETEM (auf Portugiesisch).

Palmer, B.R., Fuerstenau, M.C., Apian, F.F., 1975. Mechanismen bei der Flotation von Oxiden und Silikaten mit anionischen Sammlern: Part 2. Trans AIME, 258:261.

Papini, R.M., Brandao, P.R.G., Peres, A.E.C., 2001. Kationische Flotation von Eisenerzen: Charakterisierung und Leistung von Aminen, Miner. Metall. Process. 17 (2), 1-5.

Pavlovic, S., Brandao, P.R.G., 2003. Adsorption von Stärke, Amylose, Amylopektin und Glukosemonomer und ihre Auswirkungen auf die Flotation von Hämatit und Quarz. Minerals Engineering 16 (11), 1117-1122.

Peck, A.S., Raby, L.H., Wadsworth, M.E., 1966. Eine Infrarotstudie über die Flotation von Hämatit mit Ölsäure und Natriumoleat. Trans. AIME 238:301.

Pereira, S.R.N., 2003. Die Verwendung unpolarer Öle bei der kationischen Umkehrflotation eines Eisenerzes. Projekt für eine Masterarbeit, CPGEM-UFMG, S. 253 (auf Portugiesisch).

Peres, A.E.C., Correa, M.I., 1996. Depression von Eisenoxiden mit Maisstärken. Minerals Engineering 9 (12), 1227-1234.

Pinto, C.A.F., Yarar, B., Araujo, A.C., 1991. Apatite flotation kinetics with conventional and new collectors, Preprint 91-80, SME Annual Meeting, Denver, Colorado, February 25-28.

Pope, M.I., Sutton, D., 1973. Correlation between froth flotation response and collector adsorption from aqueous solution. I. Titanium dioxide and ferric oxide conditioned in oleate solutions. Powder Technol. 7, 271.

Pradip, 2006. Processing of alumina rich Indian iron ore slim. International Journal of Minerals, Metals and Materials Engineering 59 (5), 551 -568.

Pindred, A., Meech, J.A., 1984. Interpartikuläre Phänomene bei der Flotation von Hämatit-Feinkorn. Int. J. Miner. Process. 12, 193-212.

Pradip, Ravishankar, S.A., Sankar, T.A.P., Khosla, N.K., 1993. Studien zur Aufbereitung von tonerdehaltigen indischen Eisenerzschlämmen unter Verwendung von selektiven Dispersionsmitteln, Flockungsmitteln und Flotationskollektoren. Proceedings XVIII International Mineral Processing Congress. In Australasian Institute of Mining and Metallurgy, Melbourne, 1289-1294.

Raghavan, S., Fuerstenau, D.W., 1975. The adsorption of aqueous octylhydroxamte on ferric oxide.

J. Colloid Interface Sci. 50, 319-330.

Raju, G.B., Holmgren, A., Forsling, W., 1997. Adsorption von Dextrin an der Mineral/Wasser-Grenzfläche. J. Colloid Interface Sci. 193, 215-222.

Rao, S., 2004. Oberflächenchemie der Schaumflotation. Second Edition. New York: Kluwer Academic/Plenum Publishers.

Ravishankar, S.A., Pradip, Khosla, N.K., 1995. Selektive Ausflockung von Eisenoxid aus seinen synthetischen Mischungen mit Tonen: ein Vergleich von Plyacrylsäure und ihren Stärkepolymeren. Internationale Zeitschrift für Mineralaufbereitung 43, 235-247.

Robinson, A.J., 1975. Relationship between particle size and collector concentration. Transactions of the Institution of Mining and Metallurgy 69, 45-62.

Sahoo, H., Sinha, N., Rath, S., Das B., 2015. Ionic liquids as novel quartz collectors: Insights from experiments and theory, Chemical Engineering Journal 273, 46-54.

Santos, I.D., Oliveira, J.F., 2007. Verwendung von Huminsäure als Depressionsmittel für Hämatit bei der Umkehrflotation von Eisenerz. Miner. Eng. 20, 1003-1007.

Schulz, N.F., Cooke, S.R.B., 1953. Froth flotation of iron ores: adsorption of starch products and laurylamine acetate. Industrielle und technische Chemie 45, 2767-2772. Shen, H., Huang, X., 2005. Ein Überblick über die Entwicklung der Eisenerzverarbeitung von 2000 bis 2004. Min. Met. Eng. 25, 26-30 (auf Chinesisch).

Smith, R.W. Haddenham, R. Schroeder, C., 1973 Amphoteric surfactants as flotation collectors, Trans. AIME 254, 231-235.

Somsook, E., Hinsin, D., Buakhrong, P., Teanchai, R., Mophan, N., Pohmakotor, M., Somasundaran, P., 1969. Adsorption von Stärke und Oleat und Wechselwirkung zwischen ihnen auf Calcit in wässrigen Lösungen. Journal of Colloid and Interface Science 31 (4), 557565.

Somasundaran, P. Fuerstenau, D.W. 1966. Mechanisms of alkyl sulfonate adsorption at the alumina-water interface, J. Phys. Chem. 70, 90-96.

Somasundaran, P., Ananthapadmanabhan, K.P., 1979. Solution chemistry of surfactants and the role of it in adsorption and froth flotation in mineral-water systems. Proceedings, Solution Chemistry Surfactants, 52th Colloid and Surface Science Symposium, S. 777.

Ping, S., 2002. Praxis der Umwandlung zur Eisenverbesserung und Siliziumreduzierung im GongChangLing-Konzentrator der Anshan Steel Company (auf Chinesisch). Metal Mine 2, 41-44.

Svoboda, J., 1987. Magnetische Methoden für die Behandlung von Mineralien. In: Fuerstenau, D.W. (Ed.), Developments in Mineral Processing, vol. 8. Elsevier, Amsterdam, Niederlande, S. 712

Svoboda, J., 2001. Eine realistische Beschreibung des Prozesses der magnetischen Hochgradiententrennung.

Bergmann. Eng. 14 (11), 1493-1503.

Theander, K., Pugh, R.J., 2001. The influence of pH and temperature on the equilibrium and dynamic surface tension of aqueous solutions of sodium oleate. J. Colloid Interface Sci. 239, 209-216.

Thella, J.S., Mukherjee, A.K., Srikakulapu, N.G., 2012. Processing of high alumina iron ore slimes using classification and flotation, Powder Technol. 217, 418- 426.

Turrer, H.D.G., 2003. Studie über die Verwendung von synthetischen Flockungsmitteln bei der kationischen Umkehrflotation von Eisenerz. Projekt für eine Masterarbeit, CPGEM-UFMG, S. 44 (auf Portugiesisch).

Turrer, H.D.G., Peres, A.E.C., 2010. Untersuchung alternativer Depressionsmittel für die Flotation von Eisenerzen. Miner. Eng. 23, 1066-1069.

Usui, S., 1972. Heterokoagulation. In: Danielli, J.F., Rosenberg, M.D., Cadenhead, D.A. (Eds.), Progress in Surface and Membrane Science, Volume 5. Academic Press, New York, 223-266.

Uwadiale, G.G.O.O., 1992. Flotation von Eisenoxiden und Quarz; Ein Überblick. Bergmann.

Prozess. Extr. Metall. Rev. 11, 129

Viana, P.R.M., Souza, H.S., 1988. Die Verwendung von Maisgrieß als Depressionsmittel für die Flotation von Quarz in Hämatit-Erz. In: Castro, S.H.F., Alvarez, J.M. (Eds.), Proceedings of the 2nd Latin-American Congress on Froth Flotation, 1985, Developments in Mineral Processing 9. 233-244.

Vidyadhar, A., Hanumantha Rao, K., Chernyshova, I.V., Pradip, Forssberg, K.S.E., 2002, Mechanisms of amine-quartz interaction in the absence and presence of alcohols studied by spectroscopic methods. Zeitschrift für Kolloid- und Grenzflächenforschung 256, 59-72. Vidyadhar, A., Kumari, N., Bhagat, R.P., 2012. Adsorptionsmechanismus von gemischten Sammlersystemen bei der Hämatitflotation. Minerals Engineering 26, 102-104.

Vieira, A.M., Peres, A.E.C., 2007. Der Einfluss von Amintyp, pH-Wert und Größenbereich bei der Flotation von Quarz. Miner. Eng. 20, 1008-1013.

Wang, C.J., Jiang, X.H., Zhou, L.M., Xia, G.Q., Chen, Z.J., Duan, M., Jiang, X.M., 2013. The preparation of organo-bentonite by a new Gemini and its monomer surfactants and the application in MO removal: a comparative study, Chem. Eng. J. 219, 469-477.

Wang, H., 2003. Verbesserung der Flotation und Filtrierbarkeit von feinem Kohleschlamm durch selektive Ausflockung. Zeitschrift für Bergbauwissenschaften 39 (4), 410-414.

Wang, Y.H., Ren, J.W., 2005. Die Flotation von Quarz aus Eisenmineralien mit einem kombinierten quaternären Ammoniumsalz. Int. J. Miner. Process. 77, 116-122.

Wei, J., Huang, G.H., Yu, H. An, C.J., 2011. Efficiency of single and mixed Gemini/ conventional micelles on solubilization of phenanthrene, Chem. Eng. J. 168, 201 -207. Weissenborn, P.K., Warren, L.J., Dunn, J.G., 1995. Selektive Flockung von ultrafeinen Eisenerzen. 1. Mechanismus der Adsorption von Stärke an Hämatit. Colloids Surf. A Physicochem. Eng. Asp. 99, 11-27.

Weng, X.Q., Mei, G.J., Zhao, T.T., Zhu, Y., 2013. Utilization of novel ester-containing quaternary ammonium surfactant as cationic collector for iron ore flotation, Sep. Purif. Technol. 103, 187-194.

Xue, G.H., Gao, M.L., Gu, Z., Luo, Z.X., Hu Z.C., 2013. Die Entfernung von p-Nitrophenol aus wässrigen Lösungen durch Adsorption unter Verwendung von mit Gemini-Tensiden modifizierten Montmorilloniten. Chem. Eng. J. 218, 223-231.

Yap, S.N., Mishra, R.K., Raghavan, S., Fuerstenau, D.W., 1981. The Adsorption of Oleate from Aqueous Solution on to Hematite. In Adsorption from Aqueous Solution, Plenum Press, New York, S. 119.

Yousfi, M., Livi, S., Duchet-Rumeau, J., 2014. Ionic liquids: a new way for the compatibilization of thermoplastic blends, Chem. Eng. J. 255, 513-524.

Yuhua, W., Jianwei, R., 2005. Die Flotation von Quarz aus Eisenmineralien mit einem kombinierten quaternären Ammoniumsalz. Int. J. Miner. Process. 77, 116-122.

Zana, R., 2002. Alkanediyl- alpha, omega -bis (Dimethylalkylammoniumbromid) Tenside: II. Krafft-Temperatur und Schmelztemperatur, J. Colloid Interface Sci. 252, 259-261.

Zhang, G., Li, W., Bai, X., 2006. Eine Studie über die Praxis in der Mineralaufbereitungsanlage Diaojuntai. Met. Min. 357, 37-41 (Auf Chinesisch).

Zeng, W., Dahe, X., 2003. Die neueste Anwendung des vertikalen SLon-Ring- und pulsierenden Hochgradienten-Magnetabscheiders. Miner. Eng. 16, 563-565.